優しいロボット

松井龍哉

大和書房

はじめに

「優しいロボット」と題したこの本は私がロボットデザイナーを名乗りさまざまなロボットの開発に携わった20年の活動をまとめてみようと書いた初の単書です。

この20年という時間は21世紀の始まりとともに過ごした時間です。初期のロボットの研究時期から最近の自社ロボットの開発まで一人のデザイナーが未来社会を思考してきた試行錯誤の時間です。未来を想像することは未来を創ることで、デザイナーの仕事は自ら理想とする未来を現実的に創り出すことができるかなり魅力的な仕事だと思っています。

しかし社会は想像を軽く超えて、大きな問題を私たちにつねに突きつけます。近年ではCOVID-19などまったく予測もしてなかった事態に私たちは戸惑っています。それでもその先にある理想にまた向かうのがものを作る人の自然な行動です。私の20年はその繰り返しだったといえるでしょう。

想像と現実と創造。来る社会問題に想像力と技術でどう取り組むか。しなやかに強靭に。まだ社会に浸透していないロボットを仕事にすることを決め、仕事そのものを創り現実に活動してきた私の行動履歴は今後社会がドラスティックに変わっていこうと、想像力さえ無くさなければ突破していけることを伝えているのではないかと思います。

　社会が停滞している時こそ、新しいことを考え新しい行動に移るタイミングです。新しいこととはなんであるか？　それをつねに考えることが新しさを掴む一歩だと思います。

　私はロボットを仕事にすることをテーマに決め今ここにない新しい未来を想像してきました。自分の職能を自覚したときにどんなテーマで仕事に賭けてみるか？　そのテーマが見つかれば人生の過ごし方もまた能動的になると考えています。

　この本が、これから社会に出る人たちや新しい仕事を創ろうとしている人たち、そしてつまらない世の中を有意義で美しいものに変えていこうとしている情熱を持った革新者たちの想像の根を育てる手がかりになれば私の作ってきたロボットより未来の役に立つと思っています。


　本の構成は大きく分けて４部構成になります。それぞれどこから読んでも完結した内容になっています。

　すべての内容の基本にあるのは、「優しさ」を未来を捉えるために優先的に思考していることです。

第1部は序章から3章までで、「ロボットについての私の考え方」を実際に私が携わった初期の3つのロボットプロジェクトなどを用いて執筆しました。

私がロボットにかかわり始めた頃震えるほど感動した科学の可能性を〝作る〟立場で理論化したデザイン手法。ロボット工学の最先端の研究所で徐々にわかってきたデザインの新たな潮流。

新しいもの（ロボット）を目の当たりにして、これを未来にどう活かすか？　ロボットの可能性を自分の中でどう消化し実際のデザインに落とし込んだか。ロボットの研究開発に初めて参加したときに、デザイナーとしてどう立ち回り有能な科学者たちとどう接してきたか。そこで学んだ科学的な視点など、私が独立起業する前に研究者として現在の思考の基礎を築いた内容を書いています。

第2部は4章の「ロボット10作品と展覧会」にまとめた、私の代表的なロボット作品の10プロジェクトの解説と私のこれまでの展覧会の記録です。一台のロボットを開発することは大変な労力がかかるのですが、4章では私が作ってきたそれぞれ違う特徴を持ったロボットを並べて、バラエティに富んだ複数のテーマをどうデザインしたかを紹介しています。

また、ロボットはいまだ社会に浸透していないのも事実ですが、この社会にないものを受け入れてもらうために、私は芸術家が取る作品発表の手法である「展覧会」という場を作り、ロボットを社会に観察していただく機会を作ってきました。産業見本市のような場ではなく、美術館を発表の場にしてきたことも私がロボットを社会にプレゼンテーションしていく際の特徴です。新しいものを受け入れてくれる感性が集う美的な場所で粉骨砕身してきた記録といえます。

第2部は本の内容としては独立していて、いわば「私のロボットデザインアーカイブ」になっています。

第3部は5章と6章に書いた私の思想を反映した特徴的なロボット「Posy」と「Patin」のそれぞれの開発物語となっています。

ロボットを実際に開発することは具体的にどんなプロセスでどんなチームを構成して実

現していくのか。私のやり方は（もちろん）大企業の開発とはまるで異なっています。

一台のロボットを開発するためにプロジェクトごとに才能あるマネージメントチームからエンジニアまで随時集めて制作します。その際に最大限に大切にしているのは、プロジェクトの核になる普遍的なコンセプトをデザイナーが自ら決定することです。そのプロセスのスタートからプロジェクトチームの集合・解散までの体験を思い出すまま書いてみました。


第4部は7章の「次の世界をデザインするということ」という内容です。

ロボットを開発するのに私個人ができることは全体の数パーセントで、実際は多くの協力者の実力に比例してクオリティが決定しています。組織で活動していくためにその器である会社をどう築いたか。デザインには少なからず自信を持っていた私が右も左もわからない起業という手段を取りどう会社をつくったか。そしてCOVID-19以降の世界でこれまでの資本主義経済は抜本的に変化していくと予想し本質的に会社という幻想はどう変化していくのか。個人の志と能力を繋がりのベースにプロジェクト化してきた私の会社〝フラワー・ロボティクス〟の起業記録や確立した仕事への手法を書いています。そして最後にロボットに携わった20年を経て現在私が取り組んでいる未来への希望を託す仕事について書くことをこの本の締めにしています。

優しいロボットが存在する未来とは人が優しさを再発明した未来になります。まだ存在していないロボットのいる社会を想像し、現実の中で私がどうやって一つ一つに落としどころを見つけどのようにしてカオスに輪郭をつけてきたか。

21世紀の前半に活動するロボットデザイナーそして美術家の独特の思考と行動の変遷記として読んでいただけたら幸いです。

優しいロボット

目次

第2章　優しさに包まれたなら

第3章　フォーヴ：知能化した機械の動形美

第5章 Posy——詩学としてのロボット

第6章 Patin——ロボットを実現させる組織・事業デザインのダイナミズム

序章

ロボットを〝デザイン〟するということ

ロボットを想像せよ！

「まだ見ぬロボットを想像せよ」という課題――これに対して私たちはどのようなロボットの姿を想像できるでしょうか？　そのロボットは私たちにとってどのような存在であり、またどのような場面でどのような活躍をしてほしいのか。このように新たなテクノロジーをめぐって想像する過程の中に、自らも含めた人類の絶え間ない願望や欲望を見て取ることができるでしょう。それゆえこの「ロボットを想像せよ」という課題は、人を観察する方法として多くの視点から実に興味深いものとなります。人の未来は人の想像の中にあるのです。

そこで、人間の「欲望」や「不安」を現実社会から嗅ぎ取り、それを新たな「期待」へと変化させて、具体的な想像の陰影にメリとハリを刻んでいく。これがデザインをするための発火点となるのです。

多くの人にとってロボットは、おそらくＳＦの分野を中心に昔から親しまれてきた、古くて新しい、そしていまだ見ぬパートナーといったところでしょう（ちなみに私が９歳の時に観た『スター・ウォーズ４／新たなる希望』のR2-D2がもっとも腑に落ちたロボットの最初のイメージであり、今でも理想とするロボット像です）。

20世紀中盤以降の工業化社会では、大量生産を促進する装置として工場用のオートメーションロボットが開発され進化を重ねてきました。その当時ロボットはフィクションやエンターテインメントの中でしか触れることのできない存在でしたが、21世紀に入った現在では、徐々にですが私たちの生活にも取り入れられるようになってきました（R2-D2クラスの知的な存在にはいまだ出会うことができませんが）。

ひとくちにロボットといっても、現在その形態や役割は多種多様です。人間やキャラクターの姿を模して疑似コミュニケーションの体験をするタイプもあれば、工場の現場に導入される産業用ロボット、あるいは室内を自動で動き回る円盤型の掃除機などロボットと呼ばれるものは多岐にわたり、研究開発の現場が市場をさまざまな角度から睨んで送り出したものが現実社会に配置され出しています（しかしそこにはやはりまだR2-D2は存在しません）。

では、そもそも「ロボット」とは一体何なのでしょうか。そしてそのロボットをデザインする私は一体何をデザインしているのか。少々理屈っぽい序章になりますが、まずはそのあたりについて少し考えてみたいと思います。

工業デザインは社会が必要とする技術と相まった力学が発生させる総体的な形です。ですからまずはデザインの対象であるロボットがそもそもどのような社会的背景を持って求められたものなのかを知る必要があります。そのニーズの源泉へと遡ってみましょう。

ロボットのイメージは戯曲から生まれた

ロボットの語源は、チェコで「労働」を意味する言葉、「robota」であるといわれています。そう、「労働」なのです。昔も今もロボットを想像する際に「労働」は人々にとって共通のお荷物として扱われ、そこからさまざまな物語が築かれてきたわけです。

同国の著名な作家、カレル・チャペックが１９２０年に発表した戯曲『R.U.R.』にロボットという単語が登場するのが初めての事例とされていますが、この作品の中でチャペックはrobotという語を人造人間、今でいうヒューマノイドを表す言葉として用いています。

タイトルの『R.U.R.』とは、「Rossumu's Universal Robots」というロボットの製造販売会社の略で、つまりこの作品は、ロボットが働く社会を舞台にした物語なのです。実際、当時上演された舞台の資料をひもといてみると、普通の人間たちと一緒にヒューマノイドに扮した役者の姿を確認することができます。

特筆すべきは、この物語が単に一体のロボットにスポットをあてたものではなく、ロボットを社会を構成する労動力の一員に設定して、〝ロボットが働く〟という概念を早くも創り出していた点です。

社会の中で何らかの用途を担う立場としてロボットが存在しているのは、ロボットに対して〝人の代理として働き得る〟という期待を抱いているということです。この戯曲が後の人に与えた影響は、「ロボットは人間の労働をサポートする存在」というイメージを広く浸透させる一因になった点に見て取ることができます。

視点を変えれば、将来的にロボットが自動車産業やコンピュータ産業のような一大産業に成長することを見越した物語だと見ることも可能なのです。機械を製造販売するメーカーが産業社会の担い手であるという未来社会のイメージは、現在からみれば、暗い労働者社会を象徴しているように見えるのですが。

次に、エンジニアリングの観点からロボットのルーツを追ってみると、「オートマタ(Automata)」という機械仕掛けの人形に出会います。当時の人たちは機械を文化として精密に設計しながら、人のように動く自動人形がいずれ私たちの日常に入り込む日を想像していたのでしょうか。

19世紀終盤に著しい経済発展を遂げたヨーロッパ圏では、工業分野で目覚ましい革新が進み、スイスでは機械式時計が誕生しています。当時、他にもカム構造（機械の運動の方向をコントロールする仕組み）を駆使したさまざまな道具が作られていますが、オートマタはそれらの技術を遊びに応用した事例なのです。

日本では江戸時代にあの有名な「からくり人形」が出始めていますが、これは工芸的技術を用いてある種の美学と物語を持つ自動装置として作られた玩具といっていいでしょう。これらを今日のヒューマノイドのルーツと捉える人もいますが、そんな単純なものではないと思います。

「ロボット」であることの3つの要件

昨今世界的に行われているロボットをめぐる技術革新とそれに伴う産業へのロボットの導入・推進は、これからの社会基盤としての、さらには新たな労働力としての期待を担ったものです。とりわけ日本の産業用ロボットの分野は長足の進歩を遂げてきましたが、それは日本が天然資源に恵まれなかったことと無関係ではありません。

戦後、製造と輸出の分野で経済復興を図ってきた日本では、自動車技術の発達とともに製造機械の需要が高まり急ピッチで研究開発が進められた経緯があります。この時に蓄積されたノウハウは、現在のロボット産業に大きく寄与してきました。

しかし、人間の代わりに作業を行う機械や装置がすなわちロボットなのかというと、そうではありません。極端な例になりますが「かに道楽」の店頭を賑わせている巨大な動く蟹――これは無論ロボットではありません。

あるいは、東京のお台場に立つ実物大のガンダムはどうでしょう。こちらは明らかにロボットの形はしているものの、動く蟹と同様、私たちが本来イメージしているロボットとは別物です。私たちは深く考えることなく、瞬時にそれがロボットとは別のものであることを見抜いています。

では、両者を分かつものは何でしょうか？　その境界にあるものを説明するのは何なのか。

ここにひとつの事例があります。２００５年に経済産業省の政策研究会でロボットをテーマに議論がなされました。そして、ロボットを定義するものとして、次の３つの要素があげられました。センサー、知能と制御、駆動系の３つです。これらの技術を併せ持った知能化した機械システムこそが、ロボットであるというわけです。

センサーとは文字通り、そのロボットが置かれた環境の中から目の前の人間の会話や存在を感じ取る装置のこと。そして、センサーから受け取った情報を知能（コンピュータ）が分析して制御する。それを経て、実際に動作を起こすのが駆動系、モーターです。

つまり、ロボットが自ら感じ、考えることでモーターに指令を送るというフローがあるのです。これを自律的に行うことのできる機能を備えたものをロボットとしましょうというわけです。

この点からすると、動く蟹やガンダムは、自動的に動きはしても自律的に動くことはできません。なぜなら、センサーや知能システムを備えていないからです。

こうした定義に合致するロボットの製造が産業として完全に確立するためには、まだまだ時間と技術革新が必要です。開発の現場にいると、地道な作業を積み重ねていくことにいまだ永遠とも思えるような膨大な時間が横たわっているように日々思われるのです。

私がフラワー・ロボティクスという会社を立ち上げたのは、まさにその開発の一端を担うべく、デザイン面から取り組むことを目的としたものでした。ロボットを実用化するために必要な、デザインの応用的な範囲からロボットを実社会に混ぜ込んでいこうと。

私がロボットデザインでやっていること

日頃、私は「ロボットデザイナー」という肩書きで呼ばれることが多いのですが、実際には、ロボットの姿や形などの外見の部分だけを請け負っているわけではありません（これはぜひ強調しておきたい部分です）。自社で開発したロボットもクライアントワークもデザインする対象は一緒で、生活の中で実用性を持つために必要なコンセプトを創り出すことから始め、技術者とともにコンセプトに従ったきめ細かい設計をしています。

私のロボットの作り方の特徴は、技術者との協働はコンセプトを明確にしてから、としている点にあります。最新の技術情報からコンセプトを組み上げることはしないのです。まずは社会に必要とされているロボットを想像することから始めます。そのためにたった一人で静寂の中で想像していきます。

次に、ロボット工学では多くの技術やシステムが生まれていますが、それらが私たちの生活の中でどう実用されるのかをシビアに見極めて、実用に耐えうるものをつくる手法を創り出していきます。

ロボットデザインは、工業デザイン分野の最も新しいジャンルです。これまでの道具のデザインの要素に加えてインタラクティブ性や自律性、コネクタビリティを合わせ持つ機構物のデザインなのです。さらには道具にはない〝経験を学習する特質〟を持つため、生物的な進化を想起させるキャラクター性をデザインの計画時にあらかじめ設定しておく必要があります。

このあたりが、ロボットが従来の工業デザインから進化した新たな分野といえる所以です。椅子やテーブルのデザインであれば、基本的な機能をデザインの骨格にすえることで形態のレイアウトは成立します。

ところがロボットは、人間が望むことをそのまま実行するのではなく、要求をいったんロボット自身のシステムの中に取り込み、それを実行するのに必要な要素を精査してから行動に移すため、〝自律性〟をデザインすることが必要不可欠となります。

自律性をデザインする

そのため私は、20世紀に形成された工業デザイン、とりわけ20世紀初頭にバウハウスから発した近代デザインの潮流から一歩進化したデザイン解釈の必要性を感じています。

その具体例として自社のフラワー・ロボティクスでデザインした「Palette（パレット）」というマネキン型のロボットを見てみましょう。実際に新宿・伊勢丹などの店頭で、商品を身にまとい、その前を通りがかった人々に多彩なポーズをしてみせたロボットです。

一見しただけでは「かに道楽」の蟹と大差ないように思われるかもしれません。しかし、Paletteと展示空間（主にショーウインドウ内）には複数のセンサーが埋め込まれていて、自らの動きに目の前のお客さんがどんな反応を見せたかを逐一チェックし、蓄積していく機能を備えています。

たとえば、お客さんがどのくらい足を止めて自身を見ていたのかを0秒から4秒の間で計測し、あるポーズで4秒間にわたって足を止めてくれたとしたらそのポーズは好評であったと認識します。これを〝成果〟として学習することで、お客さんに「見られた」ポーズが自分の中にストックされていきます。それが自律的な動作につながり、しばらくお客さんが目の前に現れなければ、人気の高いポーズを優先的に実行して集客につとめるといった行動を自ら選択することができます。〝自律性をデザインする〟ことの具体例にはこのような計画的な設計があります。

ロボットは（人間と同じで！）社会の中で単体に存在するものではなく、環境や情報の中の一部として存在するからこそ、それに応えられる役割をデザインする必要があります。その意味ではこれからの時代、ロボットの能力は人と環境との関係で決まる社会の中の新しい資質として捉えていかなければなりません。

Paletteの例でいえば、店頭のシステムの一部として機能し、環境の中で取る客の行動を学習し、結果的に集客や宣伝といった役割を果たすわけです。そう遠くない将来には、住居というシステムの中で、ロボットが環境に適応するデバイスとして機能するのが当たり前になるだろうことも見えてきます。

イノベーションの根源にあるもの

「ロボカップ」という自律型ロボットによるサッカー大会があります。年に一度、世界中の研究者が集まって競い合う国際大会で、１９９７年から志の高い研究者たちによって始められた壮大なプロジェクトです。どこが壮大なのかというと、この大会の目標設定が明快かつ異次元的な発想に基づいているからです。

伊勢丹新宿店メンズ館店舗空間で展示されていたPalette

その目標とは、２０５０年までに完全自律型ロボットで編成されたサッカーチームがＦＩＦＡワールドカップのチャンピオンに勝つというもので、ムーンショットプロジェクトといえるものなのです（※１）。

すでにチェスや将棋の世界で人間とコンピュータが競い合っていることはよく知られています。１９９７年には、当時チェスの世界チャンピオンであったガルリ・カスパロフにＩＢＭのスーパーコンピュータDeep Blueが勝利するという歴史的な〝事件〟が起き、このニュースには私自身も大きな衝撃を受けました（当時、これによって世界は大きく変わっていくのではないかと、戦慄にも似た感情を覚えたものです）。というのも私は、もしコンピュータが人間に勝つ日が来るとしても、それはまだ50年ほど先のことだろうと勝手に予想していたのです。

しかし実際には、予想をはるかに上回るスピードでコンピュータを進化させて（コンピュータが勝手に進化したのではなく、人間がとてつもない努力によって進化させたという事実を忘れてはならないでしょう）、２０１６年に入ると、最後の砦と思われていた囲碁においても、Googleが開発した人工知能ソフト（ＡＩ）がプロ棋士を破る一大事件が起きました。

完全自律型のロボットチームがサッカーで人間を超える日も、私たちが思っているほど遠いことではないと妄想しています。途方も無いアプローチから革新の渦が生まれ出るのです。

ロボットが劇的な発展を遂げるには絶え間のない革新＝イノベーションが必要です。イノベーションは天才のひらめきだけが可能にするわけではなく、その根源には日常生活の中で、「便利だな」と思える仕組みを私たちが粘り強く発見し続ける資質があります。

日本には多くの革新的製品の実例があります。誰もが知るところではソニーの「ウォークマン」やトヨタの「プリウス」など。少し目先を変えてみると、たとえば料理に使われるジュレというのも、イノベーションの好例といえます。野菜の上からドレッシングをかけると、どうしても下に溜まってしまう。そこでドレッシングをゼリー状にすることによって、味を均等に食材に行き渡らせる。これはまさしく、生活の中に静かに浸透していったサイレント・イノベーションの典型といえるでしょう。

ブラウン管が液晶に変わり、ついには壁そのものがテレビになる。羽のない扇風機の誕生で、幼い子供がいる部屋でも安全に送風できるようになる。車は自動運転になり社会システムとして組み込まれて渋滞や交通事故を無くす。その登場前と後では、取り巻く環境が大きく変わり飛躍することが、まさしくイノベーションの醍醐味ともいえるでしょう。

優しさをデザインの目的に

しかしながら重要なのは、そうしたイノベーションの先が、まだ見ぬ私たちの幸せな生活へとつながる波動に乗っているという自覚です。機能が進化し〝人のための真の優しさ〟に到達することこそデザインにおいては最上級の洗練といえます。ロボットは今まさに社会に出るための、その過渡期のまっただ中にあるわけですから、「ロボットを想像する」なら「優しいロボット」を想像することがおそらく最良の方法なのです。

フラワー・ロボティクスが取り組んだプロジェクトに、「Patin（パタン）」というロボットがあります。詳細は後の章に譲りますが、ターゲットは住宅のイノベーションです。家庭の中にロボットが自然なかたちで取り込まれる世界を、私は明確に想定しています。ひとつのロボットをデバイスにして家庭と情報が結ばれ、生活そのものがより良い方向へと進化する。人の暮らす最小単位の住空間から私たちの生活を、まったく新しく、楽しく美しく豊かなものへと静かに変革していく――。

私がロボットを通してイメージしているのは、まさしくそんな「優しいロボット」のいる未来の姿なのです。

未知をデザインするとは、カオスに輪郭をつけること。

それでは、これまでの多数に及ぶロボットデザイン＝「カオスの輪郭」を実例に、その輪郭の中で瞬く「優しいロボット」の姿を捉えていきましょう。

「ひとは、一つの舞踏する星を産むことができるためには、自分のうちになおカオスを持っていなくてはならない」――ニーチェ『ツァラトゥストラ』（吉沢伝三郎訳）

第1章
ロボットの世界に〝デザイン〟の思想を持ち込む

ロボットデザイン事始め

私がロボットデザインにはじめて関わるようになったのは１９９９年、ロボカップの小型リーグのロボット開発チームに参加した時でした。当時30歳でロボット設計の経験はもちろんなく、あるのは建築設計とソフトウエアのＵＩデザインやウェブデザインの経験だけでした。工業デザイン自体がはじめての経験だったのです。

ロボットへの興味は、建築のような実空間を対象にしながら、情報ネットワークと関わりを持つリアルな存在をデザイン対象とした何ものかをかなり長い間探していたことに発しています。

情報空間と実空間の間にある存在を模索する中、１９９７年当時は携帯電話の進化した利用法やＧＰＳとつながった自動運転の車などを想像していましたが、デザインの対象としては伝統的な工業デザインの手法（20世紀のデザインの延長線上）で収まると見ていました（相当に〝生意気〟な奴だったわけです！）。しかしそこを深めていくと、情報空間にアクセスする機械自体が実空間でユーザーに対して知的な振る舞いをするならば、デザインの対象としては未知の領域になるのではないかと自問するようになりました。

まずはロボットの外装デザインから

R2-D2がひとつの理想的なデザインの対象と見えてくる頃にはさまざまな国内研究機関のロボット研究について調べていました。

１９９８年にロボカップの提唱者でもあるソニーコンピュータサイエンス研究所の工学博士、北野宏明氏に面談の機会をいただき、科学技術振興事業団（現・科学技術振興機構）にできたばかりのＥＲＡＴＯ北野共生システムプロジェクト（北野先生が総括ディレクター）に見学に行きました。そしてその翌日からこの基礎研究を行う研究所にデザイナーとして参加するようになり、そこでロボカップの小型リーグに出場するメンバーと出会いました。若さゆえの勢いといえるでしょうか、そこで無謀にも初のロボットデザインに挑むことになったのです。

ロボカップに参加するロボットは参加チームがそれぞれに設計しますが、ロボカップの競技に参加するロボットには基本的なスペックのレギュレーションがありました。寸法の規定もあって自由度はさほどありませんでした。またハードウエア設計の研究者がすでにほとんどの設計をし終えた機構に外装デザインであるカバーを取り付けるというものでした。

このロボットのサッカー競技はグローバルビジョンシステム（天井に吊るしたカメラが撮る競技中の動画をホストコンピュータが解析し、ゴールキーパーを含む5台のロボットチームに無線で指令を出し試合をする仕組み）が特徴で、これはまさにそれまで探していた環境情報を実空間に応用するモノのデザインであり、自律型ロボットを理解するための大きなプラクティスとなりました。

実際のデビュー戦で私のやったことといえば、前述のとおり、すでにできあがっていたロボットの機構の設計図を下敷きにしたカバーのデザインのみでしたが、それができたのは建築設計での経験があったためではないかと思います。

実際に建築を建てる際にはつねに建築以外の細かなモノも設計します。階段や手すりなどは一品物を設計するし、クライアントが既存の机や郵便受けが気に入らなければ特別に建築と一体化させた一品物を作ることもあります。インテリアデザインの領域になりますが、机やイスはもちろん照明スタンドや棚などもすべて個別に設計することもあります。また、建築設計の場合、さまざまなスケールでの空間やボリュームを把握するための模型製作がつねに行われます。複雑な形状をしたものは形を石膏やスタイロフォームなどで作

カバーを外したJ-STAR99

ロボカップに参加したJ-STAR99

りシリコン型を使って樹脂で曲面を作ることもありますが、現在は３Ｄプリンターが主流になっています。

一品物は図面を作ればそれをもとに製作会社が仕上げてくれます。このロボットの外装も建築模型を作る時と同じ方法で図面を作成し模型製作会社に作ってもらいました。

形態は機能に従う

図面はいわゆる三面図と呼ばれるもので、関係者や職人が形状を把握するための情報ですから正確に作る必要があります。しかし作りながらこのロボットの外装の作り方は既存の工業デザインの方法と一緒であると気付きました。元々の機構図面に順ずる外装？　そこであの〝神の声〟が聞こえてきたのです――「形態は機能に従う」。

生物が生涯の間に身につけた形質（獲得形質）が子孫に伝わる

とした「用不用説」がその源流とされるこの言葉は、近代デザインの機能主義を正当化したマニフェストです。アメリカ人建築家のルイス・ヘンリー・サリヴァン（１８５６－１９２４）が放った言葉ですが、以後デザイナーはこれを設計の尺度とし、またこの一点を目指す傾向があります。しかし次のフェーズへと向かう準備をしないといけないのではないでしょうか！

サリヴァンの言葉には、鉄骨を使った建築が建設可能になったことでそれまでの材料からくる構造的限界から切り離され、伝統からも制約のない、用途に準じた純粋な形態が発生させられるという、鉄骨造の発明と施工技術の進歩という背景がありました。ル・コルビュジェのコンクリート造も然り、です。これらは当時開かれつつあった建築の可能性に対する讃歌だったわけです。

１９２０年代から始まる工業化社会の夢は工場的な生産の可能性と寄り添って生まれたものといえるでしょう。情報化社会のデザインも然りです！　現代では情報ネットワークの可能性と寄り添うことがなければサリヴァンの讃歌が意図した地点にさえ辿り着けません。21世紀を目前にして焦った記憶が蘇ります。

人型ロボットというデザイン対象

はじめてのロボット開発はロボカップの競技用のロボットだったので、デザインしたカバーが出来上がると直ぐに完成していた機構に取り付けて実験が始まりました。ロボカップの国内大会の本番を経て世界大会に出場というスケジュールでした。

実験中に何度か改良を加えました。特に競技中のロボットから発せられる熱の問題があり、この熱を逃がす通気口の配置には迷いました。また実験中にハードウエアを改良することも頻繁に行われ、ロボットの研究者たちには〝外装は必要ない〟というムードもありました。が、それにはさほど動じず取り外し可能な外装の設計に変更するなど、対応、対応、また対応の連続でした（そういうものなのです、研究開発の現場とは！）。

研究者は少人数で若く、皆フェアな人たちでした。それぞれが担当する分野が明確だったので、責任範囲もクリアで、シビアではありましたが仕事自体はやり易いと感じました。現在でも私には設計は小人数のチームで行いベテランの勘に頼らない方法が向いています。

現実に即した理屈と美学がせめぎあうことで突出してくる最適形に出会う。これに出会うことができれば上等な気分になります。ここでの経験がラピッドプロトタイピング（3Dプリンタ等を用いて製品の形状のみを短期間で試作すること）の新しい方法を探るきっかけとなり、次の人型ロボットのデザインはCADで設計し初の光造形システムを使った新しいデザインの方法で挑むことになります。目まぐるしすぎる世紀末でした。

次は北野プロジェクトで研究用に開発中の上半身の人型ロボットの外装デザインを担当しました。人型ロボット＝ヒューマノイドロボットといわれるこのロボット工学の特異な分野は、熱狂的な研究者たちが集まるロボット研究の総合芸術ともいえるものです。

「ヒューマノイドのデザインを考える」――ここから思考をスタートすると、現実とは遊離した空論が無秩序に乱れ飛ぶことになります。〝寝言は寝てからにしろ！〟になってしまうわけです。夢見るリアリストは事実の認識を積み重ねて思考へと入っていきます。

現実のサイエンスの現場でヒューマノイドを実体として捉える。そこには研究開発の目的と理論があります。その目的に適した正しい工業デザインを思考すればよいわけです。愛は探さずに掘り出すものなのです。

では、私がデザインを担当したこのヒューマノイドはどのような研究計画のために開発されたのか？　デザインをする対象はなんであるか？――これはとても明確でした。テーマは「音環境の理解、視覚・聴覚・運動の融合処理に基づく複数音源の分離と複数話者の同時発話認識を、自ら移動するロボット上で行う技術の研究」でした。

私たちが暮らす実世界には無数の音が存在します。人間はこれを自分の都合で拾ったりキャンセルしたりしながら、ほとんど音を意識することなく生活しています。しかしロボットにそれをさせるには、何がノイズ音で何が意味のある情報としての音なのかを認識させなければなりません。世界をフラットに捉えたロボットの耳には風の音も車の音も祈りの声もすべて同等の音源情報なのです。

複数の人が同時に喋った時に、顔と口を見て誰が何を言ったかをわかるようにする実験装置としてのロボットデザイン。北野プロジェクトでは、この分野では世界でも高名な研究者である工学博士の奥野博氏がリーダーでした。

奥野先生が理想とする〝聖徳太子コンピュータ〟を実装するロボットは、大勢の人が同時に喋っても誰が何を話したか理解したという聖徳太子（の都市伝説）をデジタル技術で統合させ実世界でやってしまおうというものでした。そして今回も私が参加する前に実験用のロボットの骨格はおおむね完成していました（そのためゼロからの設計はできませんでした）。

ハードウエアの設計と製造は科学館などで馴染みのあるアニマトロニクス（動く恐竜などのベースになっている製作技術）を開発している企業に依頼していました。これをゼロから想像せよといわれたら途方に暮れてしまったでしょう。幸い（本当に幸いなことに！）すでに骨組みができていて目であるカメラや耳であるマイクロフォンが搭載されていたため、迷い無く外装デザインの方向性が定まりました。

完成イメージの拠りどころとして私が最初に妄想したのは映画『２００１年宇宙の旅』に出てくる個人用の宇宙船〝ポッド〟でした。これが人型になったイメージ（暗中模索とはいえ、拠りどころを持つのは悪い方法ではありません）で、外寸法を作り始めたのです。

使用環境からロボットのサイズを導く

デザイナーという職能はデザインする対象が物である場合、反射的に、それがどのように使われどんなシチュエーションで機能するかを仮想定することで、形状、寸法、素材などをたぐっていきます。

ロボット研究をしている機関をいくつか訪ねてみましたが、研究用のロボットに関しては寸法を決定するプロセスは皆無でした。必死に泳いでいたら目の前に広がっていたのは、ブルーオーシャン、すなわちまったく未開拓の領域だったのです。

ロボットにおいてサイズの設定が重要な要素になると理解したのはこの後のことです。動くモノを目が追う。そのサイズに人間の心理は絶妙に反応しています。人間は自分に近い形をしているものに対してはデリケートな感性を持っていて、これに玩具的な印象を与えてしまうと、扱いは玩具になります。そうかといって、目線を超えてしまうと〝恐怖感〟をおぼえます。人を超えるサイズの人工物が「暴走したら!?」と心に壁を作ってしまうのです。

そこでいろいろと策を練りましたが、実際は25㎡の実験室で研究者とともに暮らす前提から寸法を模索しました。そうした心理的な要素は、サイズだけではありません。サイズも含めて最終的に統一した全体像が機能や強度を的確に表せているのかどうか。

たとえば、さほど高機能でもないのに、近未来的で仰々しい外装にシステムを包むのは虚無的な行為ともいえます（たとえば、軽自動車にフェラーリの外装を施してシュールさを無邪気に表現しようとすることなどは論外ですし、子供のようなロボットが子供のような声を出すのはあざとく感じられて、これも論外といえます）。２００９年に上海で小さな置き時計を腕時計がわりに腕に取り付けた人（スーツを着ていました）とすれ違った時の異様感が今でもまざまざと思い浮かびます。

実環境には実に冷静に日々の現実があります。〝環境に馴染む〟ことに神経を研ぎ澄ましてデザインを整える。今までにないモノのデザインであればなおさらに注意が必要です。

25㎡の研究室に等身大のヒューマノイドを入れるならどの寸法を選べば正解か。実際に出来上がっていた上半身の機構にどう馴染ませるか。結果的に選んだ外装デザインのプロポーションは9頭身の成人女性という設定でした。現実にはありそうもないプロポーションですが、全体的にスリムでコンパクトな印象のバランスでした。〝これでいけるかも！〟と感じました。

光造形：ラピッドプロトタイピング

全体の印象と寸法設定ができたところで、それが想像を超えたものなのか否かは物理的に立体造形として作ってみる以外に確認方法がありません。１９９９年、工業製品はすでに３Ｄ／ＣＡＤで設計する時代になっていました。そのデータを短時間で立体物へ変えるシステムは当時アメリカの自動車産業を中心に広がりを見せ、日本でもすでにそうした技術を導入した企業がありました。

〝それしかない！〟と、前方しか見ない人間の典型ともいえる私は設計の工程においても新たな工法へと突き進みます。

それは光造形システムと呼ばれるもので、この後の私のデザイン活動において大きな影響力を持つことになります。デジタルネットワークへと移行する社会についてはさまざまな予想や説明がなされていましたが、実際の製造現場の環境では世代交代が目の前で起きていました。

製造業は革命的な技術を持ってしまった。これが私の第一印象でした。光造形システムは現在の３Ｄプリンター製法の先祖的な存在で、３Ｄ／ＣＡＤで設計したデータに基づき液体状の樹脂が入っているプールへ紫外線レーザービームを照射して硬化させる仕組みです。

それをバームクーヘンの積層のように一層固めてからまた次の一層へと固めながらレー

ザービームを照射する。これを繰り返すことで３Ｄデータ通りの樹脂の形ができあがります。エポキシ樹脂やアクリル樹脂を使った紫外線硬化樹脂を使うことである程度の強度を持ち、またデータに忠実な造形物ができあがります。

そこからは、仕上がった造形物を真空注型の注型マスターモデルとするために積層除去をした後に表面処理（ここだけはすべて手仕事で、人の手で丁寧に研磨します）を行います。表面処理の段階で、光沢仕上げ、シボ仕上げ、塗装のためのメッキ下地処理などプロトタイプをどの仕上げにするかで磨き方を選びます。そして仕上がったマスターモデルからシリコン型取りという工程です。

CATIAによる3次元設計

３Ｄデータは機構設計と外装の設計を同時進行できるのでＣＡＤの中で同時に設計を行うことができますが、今では当たり前となったこの製造工程のデジタル化は、初めてMacやインターネットに接した時と同様の〝おー、時代が変わる！〟と思えるほどの衝撃がありました。

また、ＣＡＤ設計者たちが働く設計ルームではＩＴ企業の技術部のように整然と並んだコンピュータを前にスーツを着た技術者たちが黙々と設計し、光造形の装置が数をなしてこちらも整然と並んでいる超！清潔なもの作りの現場は、サイエンス（ノン）フィクションの先端工場にまできてしまった感がありました。〝技術の国のアリス〟体験とでもいったらいいでしょうか。

北野ボスの許可を取り付けロボットの外装設計を上記の工程でＣＡＤ設計者とともに始めましたが、建築事務所で建築家とＣＡＤオペレーターが同時に仕事を進めるのと同じで、違和感はまったくありませんでした。

すでにあったロボットの機構の設計図は２次元図面だったので、すべて実際のロボット

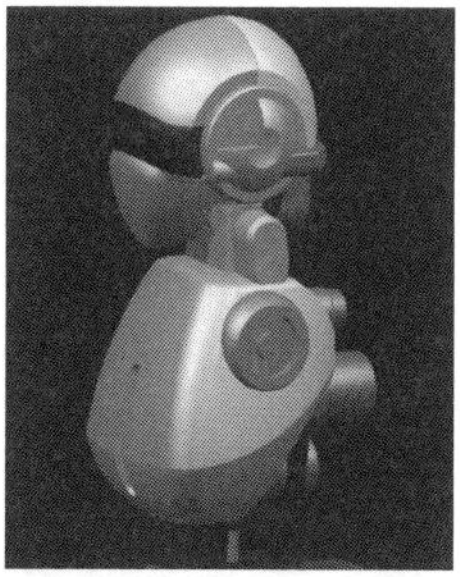

3D で設計したSIG

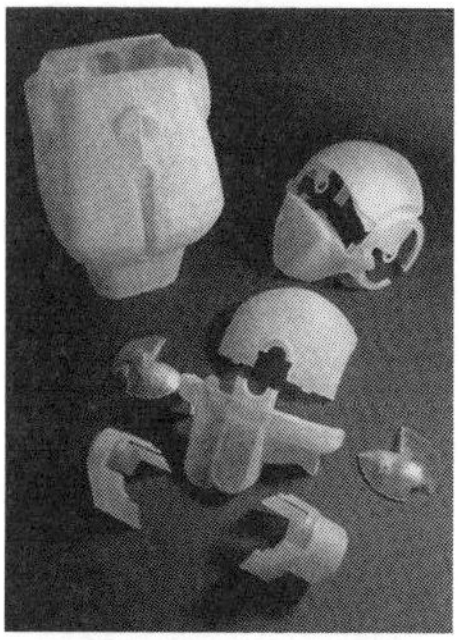

光造形で製作のSIG 外装

CATIA で設計したSIG

の機構を採寸して3次元でデータを作り直すことになり、デジタルノギスで細かく測りました（これはかなり大変な作業でした）。

3次元設計のソフトはCATIA。車／船／飛行機の設計などで使われているものでフランス産です。ワインとチーズに加え私の生活に不可欠なフランス産に3次元設計ソフトも加わることになりました。

機構部分のデータを作り直しその上に外装カバーのデータ作り。これをCATIA使いのエンジニアとともに作り込む。私とは別の目が必要と考え、製造業に精通した工業デザイナーに最初から入ってもらって全体ボリュームから計画をやり直し、繊細な部分的サーフエースの形状まで議論を重ね玄人仕事をしていただきました。

設計は1カ月。光造形システムを使い外装カバー（9パーツ）が仕上がるまで1週間。このシステムを持つ企業とデジタル設計のプロ集団に出会わなければ作業工程は果てしなく長期にわたりコストもどんどん膨らんでいたでしょう。

製造業は想像を超えて変革していたのです。1999年、設計は思考のデータ交換へ。まさに、岩崎俊一氏の初代プリウスの名コピーそのもの、「21世紀に間に合いました」！

ヒューマノイドロボットの顔のデザイン

外装の設計が文字通りラピッドプロトタイピングによって具体的な形となって仕上がりました。すでにできていた機構設計を活かした外装デザインではありましたが、外装を装着してからこのロボットは独特のアイデンティティを醸し出しました。道具のデザインにはないデザインボキャブラリーの模索でもありました。機能とアイデンティティを交差させ擬人化させた人工物なのです。

どこに狙いを定めてそのほど合いをきめるのか。特に顔のデザインにはヒューマノイドプロジェクト独自の難しさがあります。しかし実際はロボットの2つの目であるソニー製のCCDカメラのレンズの寸法が案外大きかったことで方向性が決まりました。このレンズを付けるために顔の表面上にかなり大きな穴を開ける必要があったのです。

初の人型ロボットデザインで一瞬迷った点はひとつ。それは目の表現でした。〝目は口ほどにものを言う〟ので、要注意なのです。

このロボットは人工知能の研究を実装させる実験器具的機械であったため、キャラクター性をもたせる意味はありませんでした。しかし、カメラ2台のレンズ面のそれぞれを右目と左目と分けて配置すると人の目のように見えて突然謎のキャラクター性を出してしまいます。そうなると〝ミゼラブルな（みすぼらしい）〟ロボットになってしまうのです――「装いはその人らしさを表す」（フランスの哲学者、エマニュエル・ムニエの言葉）のです。

工業デザインにキャラクター性をもたせるのは虚しい結果を招きがちです。キャラクターを研究の目的から設定していれば重要なインターフェースとして計画的な設計余地はありますが、今回はそういうものではありませんでした。

結果的にスキーのゴーグルのように見えるものを顔の中心に取り付けることになりほぼ印象が決まりました。何事もつねに収まるところに収まり、そこからまた進化が始まるわけです。

ロボットデザインが生まれた瞬間

研究者のメンバーと実際に外装装着状態でロボットを動かすテストを行いました。これはサイエンスの現場にロボットデザインというジャンルが生まれた瞬間でした！

動くことを前提にデザインすることは工業デザインの歴史には数多くあります。移動体である乗り物はもちろんですが、可変する機構を持つ道具（たとえばデスクライト）やさらにリンクを組み合わせて構成したリンク機構のデザイン（たとえば車のワイパーはモーターの回転動力をリンクによって往復運動に変換したリンク機構）など、１００年の近代デザイン史には動くことで成立する工業デザインが歴然とあります。

その系統で捉えればこのロボットは6自由度（前後・上下・左右に動きうること）をもつ部品を連結し機能させる統合機構です。しかし従来の工業デザインとこの後の工業デザインとの違いが明白に現れました。それは自律という概念への覚醒であり、実験をはじめてすぐにこの概念の新しさを体感しました。

ロボットは実験開始から人が動きをコントロールするのではなく、自ら感覚系の入力を始め、そこで得られた外部からの環境情報（音情報と画像情報）を統合する計算を始めます。そしてそのプロセスの中で動きが作り出されるわけです。

目的はロボットを使った人工知能研究であるため、動きはすなわちロボットが状況の判断をしているＡＩの見え方になります。人が使って自らの判断で仕事をする場合の道具の役割とは異なり、ＡＩが人と機械の間に介入するのです。

人に動かされず、自律的に環境から情報を得て環境に適応する。道具の概念に自律性が加わる歴史の起点にいたわけです。

形態は機能に従う——道具の形とは目的への具体性。その概念は道具自体が環境を認識し学習する特質を持った時にデザインの新たな分野「ロボットデザイン」を産みました。その現場に、良いタイミングで居合わせたのはとても幸運なことでした。

そのロボットは「SIG（シグ）」と命名されました。私たちの研究グループの名称である共生系知能グループSymbiotic Intelligence Groupの略でした。

〝社会との関係〟を深く突き詰めたデザインへ

製品開発メーカーは新たな製品を社会へと送り出す前に技術検証を行いまた世の中の反応を見るためにデザイン・イン（製品開発の効率化・高品質化のために、設計段階から取引先の関連メーカーなどと共同開発していくこと）でプロトタイプを作りさまざまなテストを行います。工業デザイン・ドリブン（工業デザインを起点としてあらゆる物事を思考・決定していくこと）の〝アドバンスド・デザイン（モーターショーで展示されるコン

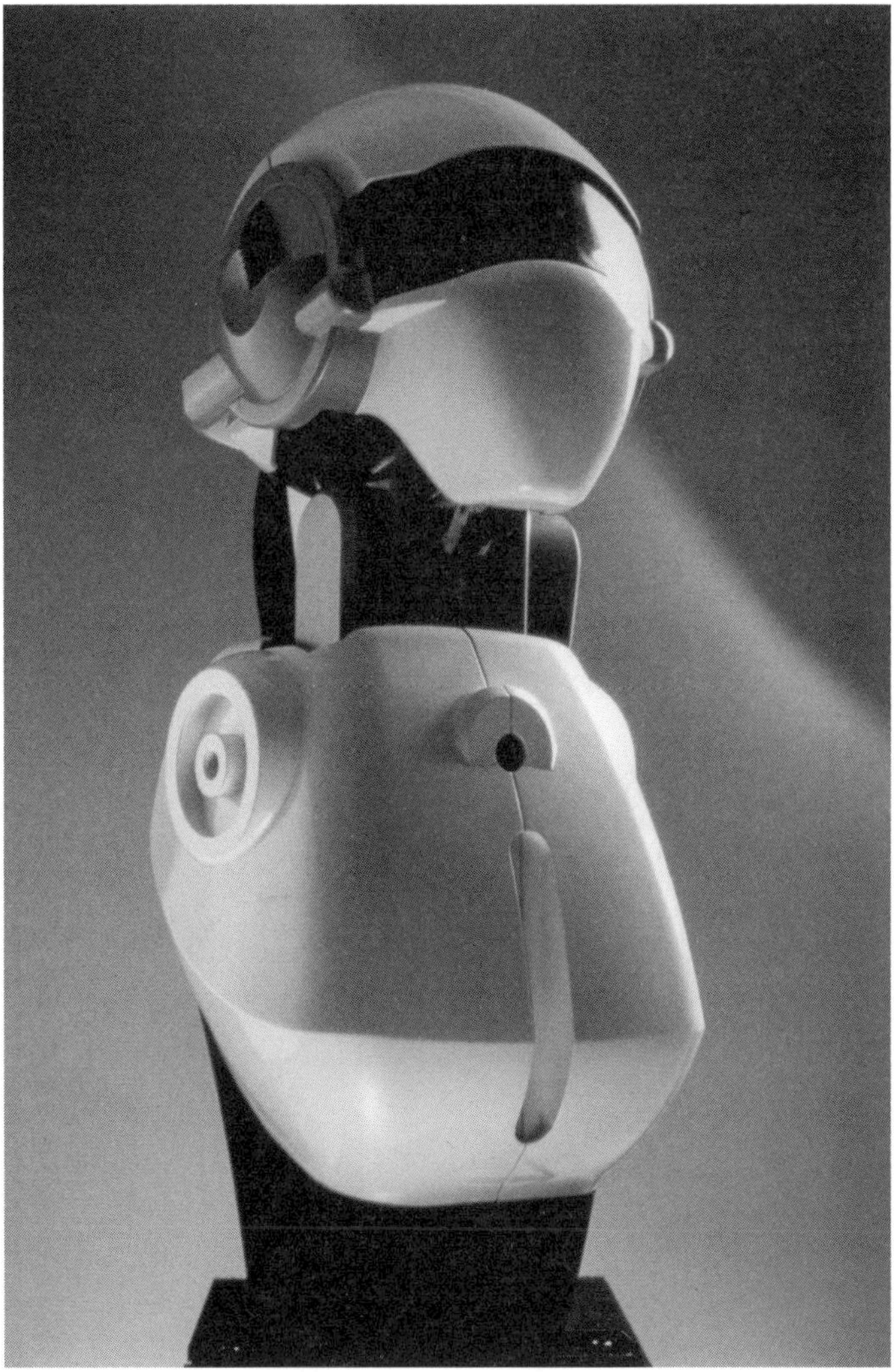

SIG

セプトカーなどに代表される、正規プロジェクトとは異なる先行開発デザイン）〟で試すわけです。技術や概念をいち早く形にして実験を行い先行開発型で提案するのです。SIGは基礎研究のラボにこのアドバンスド・デザインの方法を取り入れた最初のロボットでした。企業ではなく国立の研究機関で行ったことの意味はとても大きいものがありました。〝アドバンス〟を自らの行動で表したのです。サイエンスとデザインが密接に関わる場所が生んだ奇跡でした。

人が経験から潜在的に持つ感覚を機能利用のために構成／配置した計画デザイン（ＵＩデザイン）や、機能やサービスと人を結びつけ幸運な体験を構築させるデザイン（ＵＸデザイン）が工業デザインの領域を過度に広げることになっています。

潜在的なユーザーを対象とするプロダクトデザインは時に機能的な要件や安全性の確保、さらには市場テストなど市場導入が固まるほどやれることのデザインへと向かいます。理にかなうデザインはある側面では正しいのですが、退屈なもの、すでにあるようなデザインになりがちです。

ロボットはこれからますます必要とされる社会的技術であり、産業化すれば経済基盤を支える重要な産業になることはわかりきっています。だからその姿を想起させる先行的デザインを社会へ投げ込む必要があるのです。

ロボットのデザインに求められるもの。それはプロダクトの特性によって異なるため、開発の過程において、対象となるユーザーと用途を具体的に思い描く作業が不可欠です。たとえば公共の乗り物をデザインする場合であれば、単純に経済とテクノロジーの最適なバランスを探ることから作業は始まり、さらにマーケットやユーザーなどを多角的に咀嚼することで、ようやくデザインの原型が定まります。公理（基礎的な定義）、事実、規則からデザインへ帰結する方法論は、乗り物にかぎらずあらゆる分野に共通するものですが、公共性の高い分野ほどそのプロセスが重要となります。

以前、私がデザインを手がけた北九州市の航空会社「スターフライヤー」は、「日本初のデザイン・エアライン」と形容されました。特徴的なブラックの機体だけでなく、シートなどの内装、客室乗務員の制服、企業ロゴから広告デザインなど、デザイン全般をトータルに担当しましたが、これはイメージアビリティの設計を頑なまでに潔く行いました。

イメージアビリティとは、人々の意識下にある認識を結びつける視覚戦略のこと。航空業界に新規参入するベンチャー企業が、どうすれば世界にインパクトを与えることができ、また、ユーザーに強い印象を残すことができるのか。スターフライヤーのデザインは、その一点を突破口に定めました。

航空会社が公共の交通機関であることを踏まえれば、〝社会との関係〟をデザインすることになります。メーカーやデザイナーがどれだけいい仕事をしても、それを使う社会環境が整っていなければ意味がありません。ましてや交通機関となれば、地域や都市設計などすべてのシステムを構想に入れて初めてその乗り物は機能します。工業デザインは生活の中のひとつの機能であり、ユーザーが存在し、そこに環境と技術を組み合わせ、形としてどう見えるかを考えることがデザインとなるのです。

その意味でデザイナーは、頭の中にあるプランを視覚化する能力をフルに発揮し、社会や行政に対して能動的に〝提案〟してくことが可能ともいえます。SIGはまさにそうでした。

ロシアの作曲家、イーゴリ・ストラヴィンスキーは「鳥のさえずりや小川のせせらぎは音楽の素である」「ひとつひとつの音符は全体の構成を与えられて初めて音楽になりえる」などの言葉を残しています。工業デザインにおいてデザイナーが担うべき役割は、まさしくこれと同義といえるでしょう。

たとえば、これからいっそう深刻化するであろう高齢化社会においては、高齢者が運転しやすい小型車の開発と、その専用レーンを時間限定で設置するような発想があってもいい。高齢者が運転すること自体を社会がどう変えていくかの方が重要ではありますが。

さらにアイデアを進めれば、車両と情報をリンクさせて安全管理に生かすことは現実的に可能です。社会の機能の一部であるためには、こうしたソーシャルな感覚を含めてトータルデザインを思考する。本質的なデザインとは、機能と社会の関わり方を深く突き詰めた結果として生まれてくるものです。

第2章

優しさに包まれたなら

作る対象は何ものなのか

よく、「ロボットはどうやって作るのですか？」と尋ねられます。「なぜ作るのか？」よりも先にこの質問がくるのは、ロボットの設計そのものがいかにも複雑そうで理解し難い、そんな思い込みがあるからでしょうか。

確かに複雑ではありますが、すでに出来上がっているものを逆から追っていけば、作り方自体はそんなに難しいものではないとわかります。しかし作り方がわかったところでロボットについて理解できるというわけでもありません。

人の創造性とは何なのでしょう？　作る過程での葛藤と創意工夫には、創造性が確かに宿っています。そこには神も悪魔もいて、困難な場面で救われあるいは逆境へと追いつめられながらも創り出した小さな革新の不連続の連なりがロボットを生み出すことになります。自らの意志で新たな地平を切り拓くこの過程には、つねに「なぜ作るのか？」があります。それだからこそ創作の日々が進んでいくのです。

「なぜ作るのか？」。その問いの先にある実際の設計過程は、当然ながら求められる機能に応じてそれぞれ異なります。建築が柱や梁、床、壁などからできているように、また自動車がエンジンやタイヤ、シャフト、ハンドルなど多くの機構と電子制御装置で構成されているように、すべてのロボットには基本構成があります。

ロボットの場合はまず、動力源である各種モーターを配置した機械の身体（機構）を作り、そこに外部からの情報を取り入れる各種センサーを張り巡らせます。身体のそれぞれが最適な動作をするように制御回路を作るのです。そして駆動部分とセンサー情報とを統合する知能システムを入れ、ようやく外部からの情報を認識して動く機械として成立します。

それぞれに対して、非常に専門性の高いエンジニアリングが必要なため、担当するチームの能力や方針によって、クオリティは劇的に変わります（チームで行うデザインでは当たり前のことですが）。このチームでのエンジニアリングを基本として、「このロボットを動かすことで、何ができるのか」を創造する。これがロボットデザインの起点となります。

歩くことが目的ではなく、目的のために歩かせる

たとえ、こうした設計に関するノウハウや知識を持っていなかったとしても、「ロボッ

トを使って何を達成させたいか」を明確にすること、それだけでロボットデザインの第一歩を踏み出すことができます。

若きクリエイターたちが困難な現実に打ちのめされる前に無垢な希望を持つことは若さゆえの過ちなどでは決してありません。研究者でないのなら「ロボットを二足歩行させること」を目的とするのではなく、まずは「なぜ歩行させるのか？」を踏まえた態度でロボットを創造する――。

社会の進む方向、さらに進むべき方向をもとらえて自らが向かう目的を設定する。ここに人の創造性が潜んでいます。その目的達成のために余計なものをそぎ落とした構造こそ、デザインの「骨」となります。それは美の原石にさえ感じるほどに眩しく映ることもあるでしょう。

当たり前のことですが、他人が必要とするものを目的に据えて開発しなければ、製品としてのロボットは無用の長物になるだけです（とはいえ、創造者は利己的であるがゆえに時にこのハードルは大きなものとなります）。

ロボットが使われる環境を具体的に想定してみる。すると、広漠の地の果てに漠然と作るべきものの姿が浮かんできます。その漠然とした輪郭をなんとか手繰りよせる……それしかありません。

日常とロボット工学を結ぶ

フラワー・ロボティクスが手がけてきたロボットの中に、Paletteというロボットがあります。商業空間と人型ロボットの融合を想像した結果、「マネキン型ロボット」という姿が思い浮かんだことが、Palette誕生のきっかけとなりました。

ロボット産業は自動車産業やコンピュータ産業のようにはまだコンシューマー市場が確立されていません。そこでもっとも必要なことは、ロボット工学と日常生活を結ぶ骨太なコンセプトの設定です。

コンセプトをゼロから創造し、具現化するためにデザインが〝至要の事也〟すなわち〝もっとも大事なもの〟となるのです。そして環境とロボットが混ざり合い、ロボットが風景に溶け込むようになるまで自らの持つイメージを洗練させる（「シンプルこそ究極の洗練である」とは、レオナルド・ダ・ヴィンチの言葉です）。

昨今、デザインの概念は著しく多様化しています。製品デザインはもとより、ＵＸデザインによるユーザー体験の仕組みの設計やビジネスモデル構築、組織作り、広報、さらには社会問題の解決まで、旧来のイメージとはまったく異なる範囲までがデザインの範疇になりつつあります。そして、デザイナーが職人的なこだわりを持った変人からビジネスの救世主へと脱皮したかのような風潮さえあります。

つねに〝カオス〟の輪郭を追っている私も、ロボットデザインでは、使い方や作り方、販売方法などを含めたすべてをデザインという括りで発想しているのは事実です。

たとえば、ロボットのプロジェクトで、ある課題があったとしましょう。それに対して最適化すべきシステムの構想から始まる一連のプロセスが存在します。ここでの「デザイン」とは、その流れも含んだものとしましょう。

そして、このデザインから生まれた「美」は、構築するものではなく、存在する情景に適した解を得たうえで作り出される「そつがない様」と私は捉えています。

前記したロボットの作り方、特に制御や人工知能部分のノウハウは、今のところ大学や研究機関といった、いわゆるアカデミズムの中にほぼ限定されています。使用目的に特化した今後のロボット開発では、ロボットを販売する企業がその技術を洗練させていくことになるでしょう。

車の研究開発でいえば、自動車産業の発達以前は大学が先行して研究していました。現在では自動車メーカーが市場の声と連動して最適な設計を行っています。車と同様に、ロボットでもアカデミズムが１００年後の未来を構想する一方で、企業は明日からでも利用できる技術を日常化させようと企てるわけです。

日常化を念頭に置いた瞬間から、デザインが発生します。私が日々行っているデザインとは、〝ロボットを日常の風景〟にすることなのです。

そのために、日常とロボット工学を結ぶ骨太なコンセプトを作ることが、最もクリエイティブな仕事だと考えています。私の会社「フラワー・ロボティクス」という社名でその思想をはっきりと示しました（第７章参照）。

デザインの美から悦び、心地よさへ

私がデザインを学び始めたのは高校時代にまで遡ります。大学卒業後はデザイナーとして生活をしてきました。

ロボット以前に経験してきたデザインは、建築にしても情報デザインにしても、それを構成するためには、具体的なユーザーの立場から世界を見つめなければなりません。技術の立場で世界を見ず、あくまで人が使うことが前提とされるシステムを構成し、その上で〝心地よさ〟を科学、工学の視点で捉え直すのです。

そして、視覚化、形状化、空間化といった、作る工程において「内容と形式」を一致させていくのです。ローマ時代の古典建築書であるヴィトルヴィウスの『建築十書』には、建築とは「用」「強」「美」の3つの要素を充たすものである――という自明のテーゼがそれこそ〝どっしりと〟記されています。

これに対し、建築家・槇文彦氏の著書『漂うモダニズム』第5章の一節には、「かつて建築家ヴィトルヴィウスが述べた『用強美』の中で、美はラテン語で『venustas』といわれていた。しかし最近ある学者は実は彼がいっているのは〈美〉ではなく、より普遍的な価値すなわち〈悦び〉だと提言しそれが現在では通説となっている」とあります。

確かにそのとおりでしょう。デザインにおける美の原風景には量的、質的に数学の比例的秩序によって成される構成がまずあったといえます。それを〈悦び〉という、より根源的ともいえる意味へと読みかえることで、感覚の解放が想起されます。秩序だったものから生まれる視覚的な美だけでなく、空間に身を包まれる感性にも言及することになるのです。

私はこの〈悦び〉を、「神経を通じた心地よさの脳感覚＝心理の様態」と捉えています。ユーザーは、優れたデザインから心地よさを体験しています。その心地よさゆえに、あるモノを使うということが、使っていることとさえ忘れるほどに自然な行為として生活の中に組み込まれていることもあるでしょう。これはデザイナーの優しさに包まれて生まれた心理の様態といえるでしょう。

現在、この文章を執筆しているMacBook Airは購入から5年の間使わない日はなく、ＯＳを含めて「用・強・悦」が揃った心地よい製品であり続けています。

購入して20年間、生活の一部としてすでに空間化しているBang & Olufsen社のＣＤレシーバー、Beocenter 9000はこの３要素が秀逸で私と空間とを同期させてくれます。

Beocenter 9000のデザインを担当した工業デザイナー ヤコブ・イェンセン氏の仕事を工業デザインの分野で師のいない私は尊敬しています（建築家ミース・ファン・デル・ローエへの愛のように）。２０１５年、彼が亡くなった年の自社ロボットPatinの新作発表会の冒頭で、お悔やみを伝えるほど、私は影響されました。文化的遺伝子と呼ばれる「ミーム」は確かにあるのではないか、と考えずにはいられません（６章で後述）。

人の肉体は、原始時代からほとんど進化していません。人の身体や感覚にフィットしたものは、古代であっても現代であっても変わらず〝優しい〟と感じ取れます。人を想う気遣いが、自身の身体を通過していくのです。

使いやすいコップも座りやすい椅子も、心地よさは身体的な悦びがあることを知らせてくれます。

デザイナーは、潜在的にそれを理解し活動しているものです。建築だろうとウェブだろうと、使う人が迷うことなく目的に到達できるシステムであることが社会との裏付けとしてあるのです。

身体感覚とロボットのサイズ

私はそうした考えを身に染み込ませたうえで、ロボット研究の世界に入りました。さまざまな国のロボット研究を見る際も、使う側の立場で研究対象を観察し続けてきたのです。

最初に人型ロボットに触れたのは、１９９９年、「計算論的神経科学」という学問を提唱されている川人光男先生の研究所にうかがった時のことです。研究実践を目的として開発された人型ロボット「ＤＢ」を初めて見た時のことを思い出すと、素直な感動が今でも鮮明に蘇ります。

しかし、それを研究者が使う道具として見た場合に、「少しサイズが大きいのでは」と直感で疑問を抱きました。この「ＤＢ」は世界的にも注目される、研究のための実験装置でした。

私が最初にデザイン視点で感じたポイントは、ロボットの高さです。「もしも、ロボットが倒れたら？」「万が一、暴走したら？」。こうしたリスクに対して不安を覚えたのです。

実際に研究員の方々とディスカッションしてみると、それらについてはまだ考慮していないことがわかりました。研究員の方々にとって、ロボットはあくまで研究用の実験道具なので、当然といえば当然のことでしょう。

「ＤＢ」を見て以降も、世界のロボット研究所にうかがう機会がたくさんありましたが、実際に生活空間で人が使う道具として適切で、なおかつ安全と思える寸法についての議論は皆無のようでした。学会などを通じて知り合ったロボット研究者たちの研究は、まず基礎研究がメインで、ロボット全体のサイズのような応用的な研究はどこでもされていなかったのです。

「これは研究対象として面白いな」。私は、むしろロボットデザインに対しての思いをますます強くしました。

ロボットが社会に出る時、まだ検討されていないサイズの概念が決定的な違いを生むことになるに違いない。人が道具とともに生活する心理状態次第で、ロボットの存在価値も見出されるのではないか。そう考えたのです。

いまだ存在しないものの探求

ロボットの開発では、実際の開発以前に「そのロボットで何を実現するか」を決めることからすべてが始まります。研究用のロボットであれ、実際の社会で活用するロボットであれ、何をさせるか——つまり、役割を決定しなければ設計もヘチマもありません。

私は、企業から「○○○用のロボットのデザインをお願いします」という依頼をこれまでに受けたことがありません。依頼する企業の皆さんは、よくこう言います。「ロボットを開発したいのですが、どのようなロボットを開発すればよいでしょうか？」と。失礼ながら、ロボットの役割を決めていない〝無の境地〟で依頼をされるのです。

たとえば、建築を依頼するのに「どのような建築がいいでしょう？」と言う人はいないでしょう。デザインする対象のコンセプトそのものがデザイナーに委ねられる場合、「この産業が未成熟だから？　それとも、私が茶化されている？」と思ってしまいます。これが一休さんなら「絵の虎を退治できるか！」と一喝する場面でしょう。

　そのため、私なりの開発の第一歩はいつも、開発対象の基本コンセプトに焦点を定めることになります。コンセプトワークとは、「いまはまだ存在しないものの本質を探求する」こと。

　私にはこうした指針があります。たとえば、「時をデザインする」と決めたら、どう考えるか？　すでにある腕時計や掛け時計を想像するのではなく、時計がない時代を想像します。

　かつて〝時〟という現象を皆が共通の認識として理解できるように〝時計〟へと変換した、今では誰もその名を知らない人たちが確かにいたのです。工業デザインは、ある現象に対して社会で活用する力学を見つけ出し、生活の仕組みへと変換することができます。

多様性をはらんでいる社会を支えている共通の認識を探ることで、〝時〟が〝時計〟に変わったのです。

サイエンスの現場には、この力学に通じる基礎が横たわっています。社会の目を通して見ることで、愛を掘り出せるのです。

二足歩行のロボットを作る

かつて、私が所属していた科学技術振興事業団ERATO北野共生システムプロジェクトは、科学技術庁の外郭団体に当たる基礎研究の研究所でした。一デザイナーから、「レジデントアーティスト」という肩書で、同ラボの共生系知能グループの研究員になりました。

研究機関にアーティストが同居することは欧米では稀にありました。研究対象を見つめる、違う視点が必要だったのです。今でこそ、こうした役割の人材は増えましたが、〝サイエンスの表現〟を研究テーマにするという新しいポジションを、総括責任者の北野先生に認めてもらった経緯がありました。

同ラボでは、前記したロボカップ用のロボットJ-STAR99や人型ロボットSIGのデザインを通じて、ロボットの産業転換の研究をしました。特に大きな収穫だったのは、北野プロジェクトでの3台目のロボットデザインとなる、二足歩行ロボットのPINOプロジェクトで、それ以降のデザインの方法論をある程度掘り出せたことです。

「二足歩行」――ロボットの一般的なイメージを尋ねるとすぐに挙がる要素ですが、実はロボット工学の中でもとりわけ複雑で高度な研究領域です。北野先生から「人型ロボットによる二足歩行の研究を始めよう」と、当時まだ早稲田大学理工学部の学部生だった山崎文敬さんと私の2人に話が持ちかけられました。

無論、すぐに「やりましょう！」と勢い込んで答えたことを覚えています。行動には勢いの後押しが必要な場合もあるのです。

そこから山崎さんと2人でコンセプト作りを始めました。山崎さんはもともと機械工学系の研究者で、まずは安価で組み立てやすい小型ロボットの設計方法を練るところからアプローチしていきました。

彼も二足歩行の設計は初めてでしたが、「理論的には……できるんじゃないかな……」と飄々とした楽観主義者でもありました。個人的に子供の時からこのタイプとは気が合うのでほっとしました（逆に負けず嫌いむき出しの人との仕事は苦痛なことが多く……）。モーターは安価な市販のＤＣサーボモーターを使うと決め、動力的にパワーがないこのロボットの全体を、どのような形で世に説明できるかを考えていきました。そもそも、これは国のプロジェクトなので、その必要があったのです。

小型ヒューマノイドが動力の弱いモーターで、ぎこちない動きで遅くゆらゆらと歩く姿だけがおぼろげに想像されました。ただし、それはあまりよろしくない。弱そうなのは、ネガティブな印象を与え、今でいう〝炎上〟の予感さえしました。さて、どうしたものか。

研究自体は、その〝弱い〟状態のロボットを数年かけて研究し、歩行原理を探るという最適なアルゴリズムの研究にしようと決めました。

この理論で技術が確立すると、将来的にさまざまな社会的への応用が可能となります。当時も今も都市はすべての人にとって歩きやすく設計されているとはいえません。二足歩行の機械が都市で縦横無尽に歩くと、車で行けない場への移動も自動で可能になる。さらには車椅子の革新にもなるでしょう。

ピノキオという物語の導入

ただし、今の〝弱さ〟が表立った状態を、デザインでどう仕掛けるか？　現状をそのままデザインで表現してもあらぬ誤解を生んでしまう……。

予算を注ぎ込んで、まともな製品に見せることを目指して外骨格機構（関節の機構を外装設計と一体にした設計・製品のデザイン）を設計したとしましょう。しかし、結果として改造や修理がしにくくなり、プロダクトデザイン的な完成度だけが高い、未熟で使えない玩具に見えてしまい、〝惨敗〟の予感しかしませんでした。

機構自体は研究・実験のために何度も変更をするので、外装は取り外しが簡単なカーバーデザインでやるしかありません。

そこに、工業デザイナーのあらぬプライドは不要でした。それを踏まえて、ロボットをどう存在させるか。

私が考えたのが、技術から想起される、もうひとつの文脈のクロス、つまり動力が伝える力学をきちんと形にする〝工業デザインの純粋性〟でした。

社会に共感してもらう「レイヤー」を介入させるべき、と考えました。この「レイヤー」とは、ロボットへの共感者を集める仕組みです。

思考を巡らせて思いついたのが、「ピノキオ」というメジャーキャラクターを下敷きにするイメージです。ロボット工学に物語性を持ち込み、「ロボット版ピノキオ」を社会に向けたロボット研究の大使とさせる。

「科学のための科学」から、社会の目とともに社会が科学に参加するプロジェクトへと変えていくためです。つまり、「メディアとしてのロボット」を、国の研究機関から発信するつもりでした（税金の使い方としても共感を呼ぶかも……とまでは策士ではありません）。

ピノキオからPINOへ

そこで、もっとクリアに、宇宙船に乗ったピノキオを想像してみました。私の頭の中には、映画『２００１年宇宙の旅』のディスカバリー号の船内をピノキオが歩く姿が浮かびました。

社会の中でこのロボットが、実際に技術的に役に立つ道具になることはありません。二足歩行ロボットが社会で活動するのであれば、きっと2050年以降だろうとも思っています。

ただし、それまでに、ロボットの歩行原理はいろいろと応用されているはず。技術の限界値と想像性の発火点をどう結ぶか？　ここが、デザインするためのコンセプトワークの大きなポイントでした。

プロジェクトが動き出した時に「ロボットの開発過程」を取材させてほしい、とアメリカの雑誌『TIME』から依頼がありました。取材が始まった時にジャーナリストが「このロボットの名前は？」と聞いてきました。とっさに「PINOかなあ……」と口をついて出ました（商標の概念なんてまったく頭になかったのですが）。

そして、隣でそれを聞いていた北野先生も「それいいんじゃない？」と勧めてくださり、流れの中で決定したものの、以後このネーミングがPINOプロジェクトの方向性を決定しました。

（A）科学技術の発展に寄与する二足歩行原理の研究

（B）人々と共生するロボットのあるべき姿、作法、インタラクション……など人と機械のインターフェースとしての側面を、工業デザイン的にアプローチ・研究

（C）人型ロボットを次世代社会に受け入れてもらうための「現代のピノキオ」という物語の導入

PINOというネーミングは、この（A）（B）（C）を貫通し、そのすべてを最短距離で社会に伝達するパワーを秘めていました。新たなプロジェクトにおけるネーミング自体は、チームで仕事をする場合に皆が目指すヴィジョンの共有言語となります。

「ピノキオは、子供」という共通イメージ。

「ピノキオは、人とはなんであるか？」と問い直すこと。

「ピノキオは、人の弱さを映し出すもの」という仮定。

——こうして、徐々にイメージも作るものもその方向性が固まっていったのです。

その頃から、ロボカップやSIGで世界のロボット研究界隈の注目を集めていた北野プロジェクトが禁断の二足歩行を始めた、という噂が界隈を回り始めました。

「二足歩行　噂ばかりが　歩き出す」とは、北野先生の考えたロボット川柳ですが、まさにその通りになっていくのでした。

第3章

フォーヴ：知能化した機械の動形美

独身者の機械

マルセル・デュシャンが、その創作のピークといってもいい時期に8年かけて制作した傑作「彼女の独身者たちによって裸にされた花嫁、さえも（The Bride Stripped Bare by Her Bachelors, Even)」。

この作品は、機械化した独身男9名と花嫁を大きなシステムの一部として描いたものです。その機械は、人の性を簡素化した象徴とし、「生きる＝無意味な生産」を永続的に発散しているのです。

機械（ルーティーン）に組み込まれた聖女と野獣たちを上下に配置しエロスと相反させながら鑑賞者を挑発しています（私の解釈ですが）。

「花嫁の服を脱がせたい」と欲情した独身者の本能が機械の連なる動きとなるシステム創発のユーモアが込められています。

デュシャンのこの作品は、人生にも芸術にも意味がないことを、観る側にシニカルに突きつけてきます。意味がないからこそ、意味を生む装置としての芸術領域とでもいいましょうか——。

意味を思考するためのモチーフである機械だけが置き去りになります。独身者である機械は無心の象徴であり、創造性と対極の塊といわんばかりです。

環境というレベルで捉えれば、システム創発の最下層（であり最上位）に人の本能が関与していることがポイントです。機械自体は無心であり環境の本能（進化のための打破）から受信した人の意志を拡張させた人工物という態度を持っていなければロボットのデザインなどできはしないのです。

私からすれば、「ロボットに心はあるのか？」の「心」とは環境から発生した人の意志であるとしたいところです。前提があってはじめて機械は動力となり、ロボットは動くのです。PINOのデザインには、この無心な機械の純粋さと、人の心理、気持ちとを確信犯的に結び付ける意図そのものが表れています。

機構という具象

破壊的革新者がいました。１００年先の社会への変化を見ていたかなりの変人、ヘンリー・フォードは、自動車の大量生産体制を成功させ、工業化社会がアメリカを筆頭に幕をあけたのです。

工業化される中で製品は精密に計画され、詳細に図面化され、そして良質の部品で組み立てられるようになりました。工業を軸にして社会が産業国家を築き、繁栄という名の栄光を求めていくシナリオが夢見られるようになりました。

そのシナリオでは大量生産が築く社会で生きる人びとの精神的な疲労や社会格差といったことには一言も触れていませんが（むしろ触れていないからこそ）、工業化によって産業社会が実現し、社会全体にわたるスケールで暮らしを近代のシステムに乗せることに成功したのです。

そのシナリオの主役は製品でした（現在は何事においても、作ることよりも作る「意味」のほうが主役になりました）。

フォードの時代から大きく変わっていないのは、次に挙げる工業製品の機構設計４段階です。

①概念設計：想定されるユーザーなどを調査し機能や性能を構想する
②基本設計：その構想に基づいて図面化していく
③詳細設計：基本設計を基に形、サイズ、素材などを固めていく

④生産設計：部品の組み立て図などを作成する

工業デザイナーは、そのすべての段階で尋常ではない〝超平行思考〟を巡らせています。どの場面でも、人間工学的気遣い・安全設計・最小部品数・メンテナンスの可能性・材料などの多くの要素についてバランスを考慮しながら想定するのです。と同時に、いかなる〝脅し〟にも屈しない、鋼の美学で立ち回らなければなりません。立ち回り方は戦国武将のようにそれぞれに個性があるもの。それらはそのまま工業デザイナーの個性となります。

私は概念設計において、理論と美学を一致させることを第一信条としています。その意味で私はモダニストといえます。

この場合の理論とは、ものを存在させる「意味」を正当化する、プリンシプル（原理・原則）の積み上げのこと。これをすることなく作られた「どうでもよい製品」では、その〝存在の耐えられない軽さ〟にうんざりとしてしまいます。

インナーリアル

では、ロボットのデザインにおける「美学」とは、なんでしょうか。人が使うものの美しさは、用途をど真ん中に据えること。これに尽きます。

これはバウハウスから一途に変わらず、迷わば〝ミース・ファン・デル・ローエの教えに戻れ！〟です。丹下健三氏は「美しきもののみ機能的である」と書いています（多論を無力化させる凶器のように冴え渡った言葉！）。

そして、用途をど真ん中にすえ、使う人が（文字通り）使うものに恋をする物語を構想するのです。物語そのものを用途を持った美学にトレードし、単なる人工物を内的なリアルに組み立て直して社会に押し戻すのが作家の生き方なのです。

若き日の黒川紀章氏に衝撃を与えた丹下健三氏の「内的リアリティ」という発言があります。現実を超えるには、いったん内的な整合性を持つべきなのです。「青く優しきピノキオ──人型ロボット」のインナーリアル──。

プアマンズヒューマノイドと歩き始めたばかりのピノキオ

PINOの概念から機構を計画する基本設計段階では、動力部分である首、腰、肩、肘、手首、足の第一関節、第二関節、足首にそれぞれモーターが配置されます。この段階でモーターを人の形をした機構でつなげるのです。関節同士をつなげる機構設計の連なりが、基本身体として具象化されます。

PINOの機構設計を担当した山崎氏には、２つの指令が飛んでいました。ひとつは総括責任者である北野氏の「プアマンズヒューマノイド」というコンセプト。日産のフェアレディZが「プアマンズジャガー」と商品コンセプトを打ち出したように、庶民のヒューマノイドを目指す方向でした（この北野氏の抜群のセンスには驚きと感心が同時に湧いたものです）。

もうひとつは人型ロボット開発＝大きな国家予算という古い概念の破壊です。モーターは、精度に比例して高額になりますが、すべて市販の安価なＤＣサーボモーターを用いること。機構設計は、一般販売ができるレベルで加工し、量産して単価を下げる。肝心要の二足歩行をさせる統合システムは、フリーＯＳであるLinuxを基本としたオープンプラットフォームとすること。

PINOを歩行させる歩行原理のアルゴリズム作りに全世界の研究者やプログラマー、制御エンジニアがダウンロードして参加できる共通のオープンPINOプラットフォーム構想を立ち上げたのです（実機は購入してもらわなければなりませんが、これはビジネスセンスにも長けた北野氏の構想でした)。

私が山崎氏に伝えたのは、安いモーターの影響で安定しない歩行機構に対して、第三者が心の目で見て不快と思わせない寸法設定でした。

たとえば、歩き始めたばかりの1歳児の男子だと身長は平均で約70センチ。その大きさに収まれば、たとえフラフラ歩いたとしてもオーディエンスからはまるで1歳児のように思えて、大らかな反応が返ってくるのではと予想していました。

いわゆる「不気味の谷」(ロボットを人に似せていく過程において、ある一点を超えると、突如として人が不気味さを覚える瞬間=「谷」の存在。東京工業大学名誉教授・森政弘氏の提唱した概念)を、逆手に取って、成人に似せない方向性を目指したのです。

デザイナーなら美学でその「谷」を越えられます。怯むことはないのです。

かくして、「プアマンズヒューマノイド」と「歩き始めたばかりのピノキオ」というダブルコンセプトが仕上がりました。これを基本に、このロボットを動かすことで何ができるのかを創造していく。これがロボットデザインの起点となるわけです。しかし、あくまでもこれは起点にすぎません。

新しい技術を機構化して社会へ実装させるには、工業デザインの視点で社会、そして人をじっくりと観察することが求められます。早まって流行りものに乗ってしまうと無様な結果を招くことになるのはわかりきっています。

一時、二足歩行だけする人型のトイロボットが広まりましたが、目的もなく歩くその姿は、奇妙なまやかしでしかありません。今は同様に、コミュニケーション風のやりとりをするだけの人型ロボットもいます。

それらには社会というステージにそぐわない無理が生じているから、無様なのです。無邪気に技術だけを押し付けられたロボットは環境と人へのアフォーダンス（行為の可能性）をまるで示していません。そもそもアフォーダンスなど思考していないのです。

ロボット開発の目的は、あくまで現社会から近未来への一躍を担う機能を、絶妙なバランスで流通と統合するデザインとすることです。

工業デザイナーは知っています。〝無意味さの塊〟は、3日で死を迎えることを。

フォーヴと共にあらんことを

PINOは、国の研究機関のプロジェクトです。

ロボットを歩かせる――二足歩行の研究を飛躍させるシステムを発見・研究し、それを試行する実験装置としての人型ロボットの開発ということで、目的は明快でした。

しかし、研究のための装置を開発するのではなく、私たちの生活に具体的に関わる道具としてロボットを思案するなら、使われる環境を具体的に想定することで自ずとその具体的な姿が見えてきます。

美しいロボットは、存在理由の有用性から生まれます。その存在は明快かつ絶妙なバランス感で整っており、ロボットを作る意味を雄弁に語るでしょう。そこにあるのは「フォーヴ」という概念です。

「フォーヴ」とは、知能化した機械（自律型ロボット）の美学を表す言葉として、「形（フォーム）」と「動き（ムーヴ）」を合わせた私の造語です。

１９９９年、私が初めてデザインした人型ロボットのSIGを初めて動作させた時に覚えた感覚、それを「フォーヴ」と定義しました。

環境からの情報をロボットが収集し、自らの行動を決め、動きを作り出し、さらに環境に調和させる知能機械――つまり、私のいう「フォーヴ」とは、ロボットの目的と動きが、置かれた環境によって調和をともなって動作している状態を指します。

たとえば、静寂な湖に、一羽の白鳥がいたとしましょう。その湖と一体なった白鳥の静かで美しい動きには、まさしく「フォーヴがある」といっていいのです。

もし、あなたが後世に残る最高度に美しいロボットを創りたいなら、「フォーヴ」を強く想像することです。その意識の連続こそ、想像を具体化させる階段となるのです。

〝May the Force be with you〟ならぬ〝May the Forve be with you（フォーヴと共にあらんことを！）〟です。

この「フォーヴ」という概念は、言葉を変えればランドスケープの原理ともいえるでしょう。私が行ってきたデザインとは、ロボットを〝日常の風景〟にすることなのです。「フォーヴ」に結晶させるための、暮らしとロボット技術を結ぶ骨太なコンセプトを作ることが、最もクリエイティブな仕事なのです。

フラワー・ロボティクスのロボットでいうならば、デパートやショーウインドウなどの特定の空間で機能するマネキン型ロボットのPaletteは、この「フォーヴ」の概念を直球で示した自律型ロボットといえるでしょう。

モノの使い方を決めれば、それにふさわしい自然な姿が想像され、その思考の果てに「フォーヴ」があり、結果として問題解決の方法が設計されていきます。

しかし、ここからが本番です。工業デザインが完成された美へと進化するには、人々が生活の中でモノを活用しながら〝日常の風景〟となるまで洗練させていくことが必須なのです。モノのデザインはあくまで点であり、真に目指すべきは、人とモノと生活が自然な調和でフローしている、ランドスケープのデザインなのです。

PINOのデザイン：機能を纏う価値＝他の人にその効果が見えること

普及するイノベーションは、5つの特徴を持っています。

①優位性（relative advantage）＝既存のものに比較して有利であること。
②可能性（tryability）＝すぐ試してみることができること。
③簡素性（simplisity）＝複雑でないこと。
④視認性（observality）＝他の人にもその効果が見えること。
⑤互換性（compatibility）＝現状から無理なく乗り換えられること。

これらは新しい市場カテゴリーを創る製品を打ち出すイノベーションの5つの特徴です。このメソッドを、基礎研究であるPINOプロジェクトへ応用する場合、特に「視認性」を強く意識する必要がありました。第三者に見られる宿命を持ったロボットであり、宿命に理屈などありません。北野プロジェクトが人型ロボットを発表すれば、それは必ず社会に見られるのです。

人が見た時にどのような印象を持ってもらうか、そしてそれがプロジェクトの本来の意味を正しく伝えることに効果的かどうかを最初から意識した「メディアとしての人型ロボット」の位置付けを意図していました。それほどに人型ロボットは社会の関心を集めまた妙な夢の象徴のようなものへと祭り上げられていたし、今もそれは変わりません。

キャラクターのデザインへ

前記の通り、人がPINOを見た時の心理的なアプローチから身長を70センチに決めたところから、いったんメカ設計担当の山崎さんには機構設計に専念してもらいました。そして私は、全体を覆うカバーデザインの設計に入りました。デザイナーとエンジニアは互いに近くにいながらもまったく違う宇宙へと旅立つようにそれぞれの本業に没入していったのです。

かつて手がけたSIGでの工業デザインのアプローチは、すでに出来上がっていた上半身の機構が最大限動きやすいようなカバーを施すことでした。PINOがSIGと大きく異なるのは全身ボディをデザインするという点で、人に与える印象のインパクトも大きく異なります。

これは私自身もかなり厄介だと感じていました。工業デザインのセオリーである「機構設計を最大限生かし人が使いやすい道具の設計」に徹すれば良いというものではない、そう始めからわかっていました。

「生物は機能的統一体である」——生物学者 ヤーコプ・フォン・ユクスキュル『動物の環境と内的世界』（みすず書房）。

機械と人工知能と環境の関わりは生物的な説明がつくものの、第三者の印象が入った途端、生物と環境の間にあるような美しくもシンプルな関係が壊れてしまいます。

フォーヴの状態と第三者の間にどのような感情の行き来があればPINOが成立するのか？ ここまで携わったことのない分野を包括してデザインをしないと成り立たない点に、人型ロボットの存在のユニークさがあります。

PINOと名付けて言語化はできたものの、私にはそれを具体的な形としてどう作り出せば良いのか方法がまったく見えていませんでした。思案の末、視認性を受け入れる設計手段、つまりキャラクターデザインのメソッドを取り込むことで問題を解消する方向に舵を切りました。

キャラクターとは、対象の性質や性格を表すものであり、性質が機能である知能機械の場合、人を魅了するものが何になるのかを見つけ出さなければなりません。これまで専門外であった分野を積極的に受け入れなければ道が拓けないのです。

この時、SIGのプロジェクトで使用していた光造形システムのラピッドプロトタイピングをあらためて使おうと決めていました。つまり、キャラクターを作り、３ＤソフトCATIAで図面化しなければならなかったのです。

さすがに私も、これには途方に暮れました。何をどうすればいいのか、さっぱり手段がわからないまま。

そこで別の３Ｄソフト（3D Studio MAX）を使い、ゲームなどで活躍するキャラクターをデザインできる人材を探すことにしました。意図する存在感の作り込みは、工業デザインや機械設計のボキャブラリーでは歯が立たなかったのです。

キャラクター専門のＣＧデザイナーを募集したら多くの方が応募してくれましたが、その人たちからのアウトプットを見ると、どれもロボット的なキャラクターデザインが前面に出すぎて、皮肉なことに機械らしさがまったくないものばかりでした。

新しい手段を探している場合、そう簡単にはいくことはありません。しかし違う、まったく違うのです。残念ながら、この不安定に歩行する〝1歳児〟の姿を、CG化できる人材は見当たりませんでした。

危うさ、弱さの力学的表現

そこで、今度は「キャラクターを作るCGソフトで工業デザインをしてもらう」という募集をかけてみることにしました。すると前回とはまったく異なるアウトプットが出てきました。ようやく、新しいコンピュータデバイスをデザインしてもらうという意図が伝わり始めたのです。

その中でこの意図を深く理解してくれそうだった星野裕之さんというCGデザイナーを採用することになしました（星野さんは後にフラワー・ロボティクスのメンバーになりました）。

そこから私と2人で機械と1歳児の子供の間にあるはずのライン（サーフェス）を探す長い作業に入りました。力強さのない機械のデザイン。歩き始めの子供の危うさの佇まい。危うげで新しいデザイン。力強い工業デザインにはない、動力をより弱く見せる優しさの力学表現を追い求めました。

この〝弱さ〟を第三者にどう伝えられるか。コンセプトを作る時の「想像の糧」を探す時間と一緒で（今回はコンピュータの画面を見ながらになりますが）、〝広漠の地の果てに漠然と姿が浮かんでくるその輪郭を手繰り寄せる〟しかないのです。

しかし、内部の機械設計は少しずつ形になり始めており、ラジコン用のサーボモーターが見事にヒトの形に積み上がっていました。実際に機械設計された寸法という羅針盤があるのは、サーフェスをデザインする上で大いに助けとなりました。

人の優しさを誘発するロボット

唯一のイメージの拠り所はキューブリックの映画『2001年宇宙の旅』のディスカバリー号を歩くPINOのイメージでしたが、この時点でデザインを作りこむ手がかりは次の

3つでした。
①実際のモーターのトルクからくる危うげな歩行
②機構全体の具体的な寸法
③映画『2001年宇宙の旅』のディスカバリー号

この3つの点を結んで浮かび上がってきた全体のサーフェスのデザインは（後述しますが、顔と全体フォルムのデザインメソッドを決めて）徐々に3Dデータとして形になっていきました。

そこから山崎さんが設計した機械の機構設計データと星野さんが設計したサーフェスの3DデータをCATIAのソフトの中で統合し、各種のパーツを再設計する工程に入りました。この方法は2000年当時、私たちがたどり着いた最先端の工業デザインの設計法ですが、現在もこの手法によって最も的確な設計が可能です。

こうして機構設計とカバーデザインの一体化をなした設計がなされ光造形3Dプリンターで型の原型を作りました。この時点で、私には実際にPINOが歩行をする環境が完全に想像できました。

ロボットではありますが、身長70センチの子供が一途に歩き始める印象を第三者にしっ

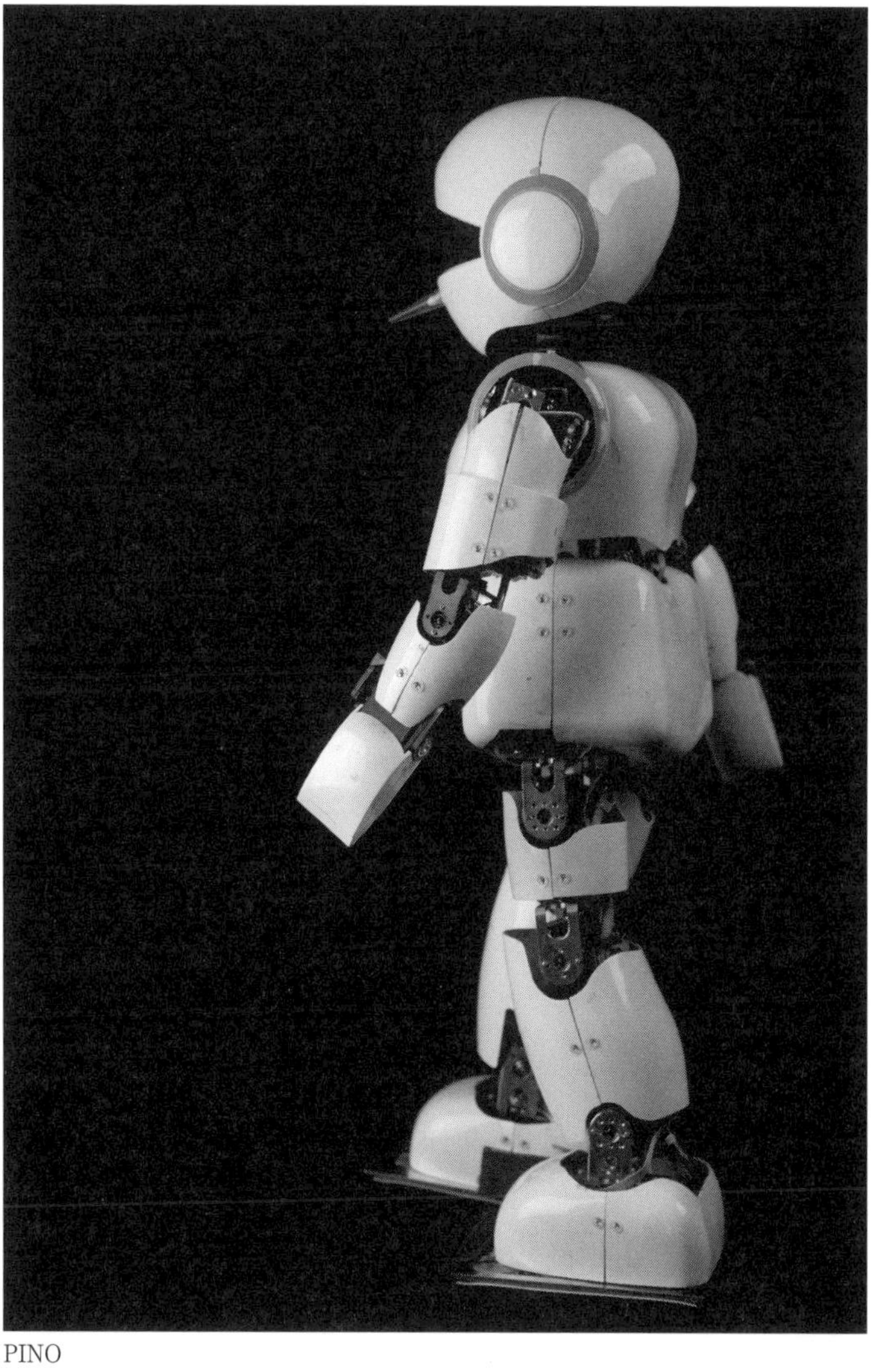

PINO

かりと持たせ、ピノキオに託した〝弱さ〟の表現は人が持つ優しさを誘発できる――。その弱いロボットと人との関係は優しさに包まれ、フォーヴと人の感情の一致が人型ロボットのいる新しいランドスケープをはっきりと予期させました。

生物は環境に対して自律的な主体ですが、機械は環境を概観などしません。だからこそデザイナーは、人の心の作用を設計に組み込み、機械と人と環境の自律的な関係を作り出せるのです。

第4章

同一性と動的関係性のデザイン――ロボット10作品と展覧会

静かで、空気のように見えざるデザインへ

ロボットデザインにとって重要なのはロボットを「環境」「人」「テクノロジー」の関係で空間的に捉えることです。この関係性を有機的に構築すること――これが工業デザインと情報工学の統合であるロボットデザインの大きな魅力であり領域といえます。

目的を機能として統合した形が工業デザインの美であるならば、環境やネットワーク、情報工学を取り入れ「自律」と「インタラクション」を機能的にも環境デザイン的にも融合／配置させる新しいデザイン分野がロボットデザインなのです。

この見地からデザインされたロボットは主体的な人工物（特定の環境内で自律性を発揮する機械）であり、私がこれまで研究用または製品として開発したロボットは実際の環境や空間に適した動きができるようにデザインされています。

ロボットに特定の環境で人や状況に対応する機能を持たせ、環境に馴染みその一部として人と生活や社会に連なりをもたらす動的な関係を作ることを目的としてきたのです。実際にはマネキン型ロボットPaletteの開発と販売によって実環境で理論の実証をすることができました。

ロボットであることやロボットらしさを前面に出さなくもよいし、むしろ社会に自然に溶け込み相互に影響をしあう。こうした清々しいともいえる状況へと至るには、次世代の環境においてロボットをどのようなかたちで存在させればよいのか。

ロボットを社会に解き放つにはまずはそうした問いへと向かい、新たな社会環境を総合的な目線で想像する必要があるのです。私はこれまでできる限りのさまざまなアプローチを試みながらこの意味を問うてきました。

２００１年に開発を始めた「Posy（ポージー）」以来手がけてきたさまざまなロボットは、理想を追い求めて無理を承知でその実現に邁進しました。しかし途中にはそれまで想像することさえもできなかった大きな出来事がありました。

２０１１年3月11日の震災を、私は当時オフィスのあった東京・代官山ヒルサイドテラスで経験しました。倒れそうになる会議室のヒューマノイドロボットたちを皆で必死に押さえながら、その容赦の無い激しい揺れにすべてが崩壊するような恐怖とともに死をとても間近にそしてリアルに感じました。

地震が過ぎ去った後の精神的な落ち込みはさらに深刻でした。何よりも、自分の人生をかけてきた仕事が社会に対してなんの力も持たないことを悟って愕然としたのです。それまでロボットに対して社会からかけられた期待が過度で空虚なものでしかなかったのだと気づいたのです。

震災以後はロボットへのそうした期待は薄れ特殊な要素技術（特に認識技術や人工知能）や生産効率性へと焦点が当てられました。人が感じる心地よさや豊かさを支えるはずの技術の清々しい役割が封印されてしまった時期があったのです。

ここから私は、技術のみから発想した未来の危険性を、感覚的にではなく倫理的な極限として認識しました。あの日以来、人が生活をすることの心地よさから発想して技術開発を進めること、そしてこれを愚直に行うことがデザインの最初の一歩とすることになったのです。

よいデザインは謙虚である。もっといえばこれからは、静かで、空気のように見えざるデザインをしたたかに構成していくことがこの仕事に意義をもたらすことになると考えました。デザイナーの仕事とは、デザインする対象と人の心象との静かで自然な交信の企てなのです。

こうした考えのもと、私は開発するロボットの背景にあるコンセプトを〝Make your nature〟と据えました。日本が背負うことになった未来を想像する際に、あの震災の日の経験を想起することができないなら、その未来にリアリティをもたらすことはできないでしょう。

そしてこれから巨大なビジネスに発展するであろうロボット産業が経済性のみを追求するならば、私たちの文化を育む技術への関心は遠のいてしまいます。人がモノを愛する理由とモノが人々に愛される理由を理解した技術開発を行わなければ、地球にとって不遜で迷惑なモノたちがまたさらに増えるだけなのです。

２００１年から私が作ったそれぞれまったく異なるタイプの10のロボットを、その想像から具体化へと至るプロセスでどのような試行錯誤を重ねて生み出してきたのか、そして、環境に溶け込むデザインをどのように生み出してきたのか、紹介していきましょう。

ロボット10作品

Posy

5章で詳述しますが、シリコンバレーの老舗スーパーコンピューターメーカー、シリコングラフィックス社からの依頼がPosyの開発のきっかけとなりました。その依頼内容は

「会社の未来を表すような人型ロボットを一台作れないか」というものでした。そのころ発表した文章には開発に対する当時の心境が書かれています。

「人間とロボットが共存する社会を想い描いてみる。身体性と、数学的認知性の特定部分では人を軽く超えてしまうロボットたちは、どんな姿で私たちに接しているのであろうか？（具体的な存在理由のある）人型ロボットをデザインするなら、そのロボットが活動する環境を想像するところから始めなければならない。接する人間の心象をどこまで考慮すれば、その場所で人とロボット双方の能力が寄り添い、違和感なくひとつの風景となれるのか。結論から言えば、ロボットデザインの入り口と出口はランドスケープデザインである。デザインする対象は人とロボットの能力がコミュニケートして生まれる新しい環境なのだ。人による形の想像は、古代より最も身近な芸術表現として扱われてきた。人類は既に、人の形に対する『成熟しきった美意識』を根底に持っている。妙な違和感や無防備なデザインは、それを見た人が瞬時に心を閉ざす大変デリケートな要因となる。『Posy』は存在そのもののコンセプトがフラワーガール（結婚式で花嫁を先導する天使のアイコン）である。バージンロードを歩き、花を渡すだけの機能しか持っていない。しかし、『Posy』は3歳の少女の無垢な世界観を発散させ、周りの空気を一新させる力を持つ。

『Posy』がそうさせているのではなく、見る人が自分の内面を遊泳する結果なのだ。その精神の果てにある情景こそ、私たちがロボットを通じて見ている高貴な世界そのものなのである」（水戸芸術館「松井龍哉展カタログ」）

Posy

P-noir

これは「ヒューマノイドロボットに人は何を見ているのか？」という私たち自身の疑問に、ある結論を出したプロジェクトです。私たちはフラワー・ロボティクス社を設立する以前に、ヒューマノイドロボットの開発に携わり、世界各地でデモンストレーションを行っていました。

つねに賛同を得られたものの、私たちがこのロボットで実際に意図したことはあまり問題にされず、「人間のように振る舞う」仕草に人々は熱狂しました。そうした光景、観客との温度差は、私たちに奇妙な問題意識を投げかけました。ヒューマノイドロボットの現時点（当時）での最大の機能は、「ピエロの仕事」なのではないかと。そしてこの事実を冷静に受け入れたのです。

そこで（情緒的な理由も含みますが）人の動きを多種センサーで検知して自らの行動をあらかじめ定められた運動のデータから選択し一緒にダンスをする黒いピエロのロボットを開発しました。P-noir（ピ・ノワール）はまさに、予定された行動しかできない非創造的な人工物で、不自然な要素を技巧的に合わせたデザインでした。

女性ピエロ、黒、シリコン素材という取り合わせから違和感が生まれます。笑う顔と泣

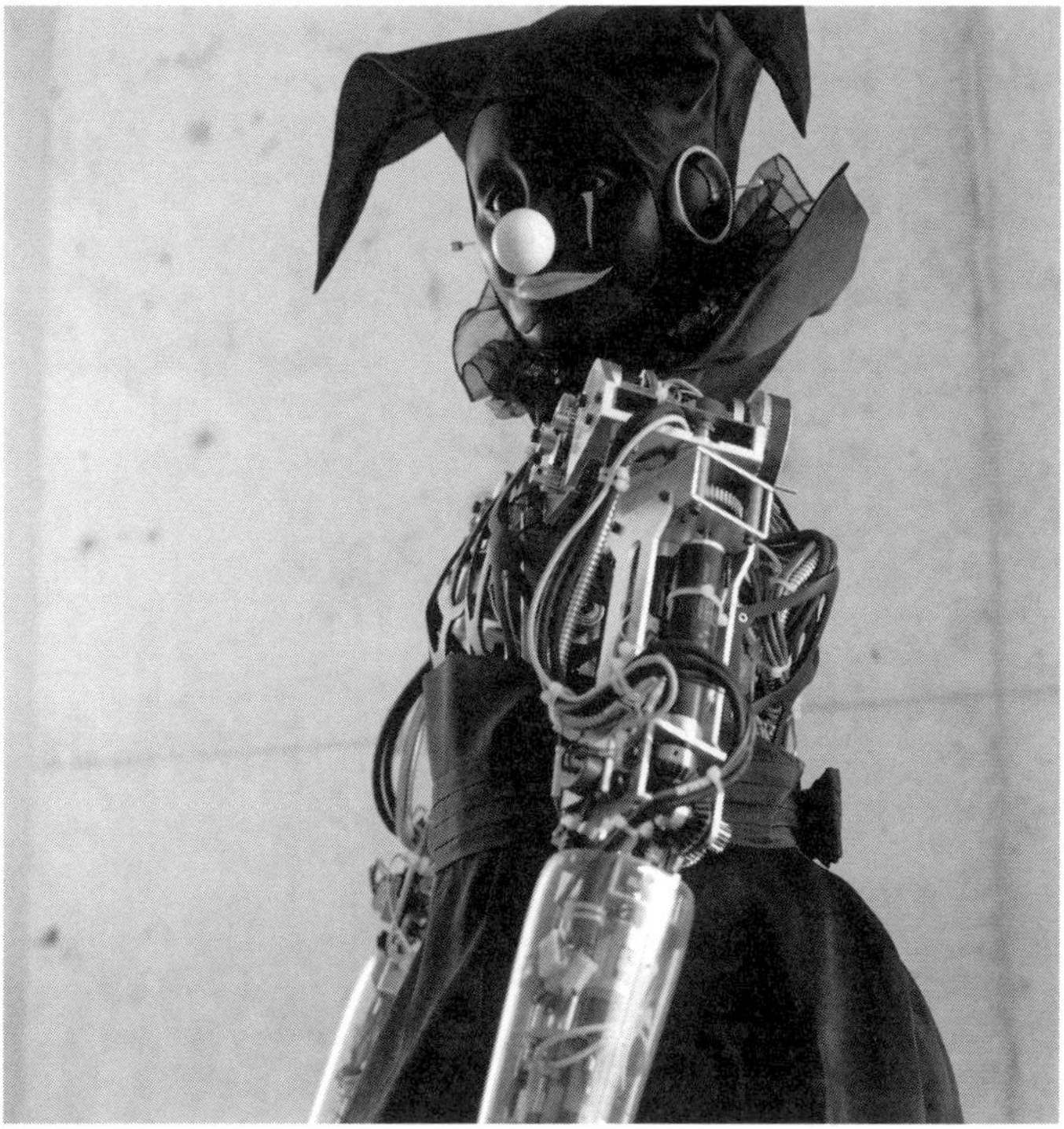

P-noir

く顔の2種類を使い分ける自由度を持ち、さまざまな動きを表現します。踊る時にはオルゴールが鳴りショパンの「別れの曲」が奏でられます。

このピエロが踊る情景を前に観客は、ロボットとピエロ、この両者の役割の乖離からシュールな実感を持つことになります。そして観客は私たちが意図した「将来のヒューマノイドロボットの本質的な機能や可能性」について冷静に考え始めることになるのです。

私たちが意図したロボットデザインの視点は、人寄せ機能ではなく、利用環境と機能を融合させるインターフェースとして有効なのかどうかでした。ロボットはあくまで人間の生活環境に適した機能を誠実にシステム化し、具体的な存在理由をデザインするべきである、という思想を体現したものなのです。

Palette

人型ロボットの需要は、いくつかの方法論と、技術、経済的な成熟期を経て生まれます。しかし、具体的にロボットが社会の中で機能する場を与えるためには、新規技術の開発は必須ではありません。実証済みの既存技術を複数組み合わせ、ロボットを利用する空間の限定を行うことでも足りるのです。

Palette

マネキンは人の形をして、たったひとつの仕事――「洋服を魅せる」ということを行います。この「洋服を美しく着こなす」という機能に、既存のロボット技術やインテリジェントシステムを組み込むことで、市場性のある人型ロボットの開発ができると考えました。世界中のショールームのマネキンをロボットに置き換えるという現実的かつ美しきイノベーションがテーマでした。

Paletteのボディサイズには、9号サイズのドレスを着るスーパーモデルの9頭身プロポーションを採用しました。このロボットが最初に着るのは、最も高価なドレスであるとの判断からでした。

足元に人感センサーを3つ配置して人の位置を情報として理解しポージングを実行する。ポージングは16通りの自由度を持ち、オリジナルのアプリケーションでデザインできます。ファッションブランドごとのテーマに合わせて作り込むことも可能です。

Paletteはその名の通り、画家が持つ道具のように、洋服を美しく魅せるための道具であり、ウィンドウというキャンバスを作品にするために、システムをアップデートし続け、空間にインスピレーションを与え続けるのです。

U.T.Palette

U.T.Palette

ジュエリー展示用の装置として、マネキン型ロボットPaletteの機能を軽量化しました。Palette同様、使用する場所や役割、クライアントが限定されていたため開発目標の設定はシンプルでした。

デザインは成人女性のプロポーションで、サイズは成人女性よりもひと回り小さくしました。このサイズはジュエリーに注目してもらうための仕掛けであり、既存の什器に収めるためのものでもありました。

U.T.は、顧客が正面に来たことをカメラで捉えて動き始めます。顧客の動きやジュエリーに照明が当たる位置などを計算し、自らの動きをすでに作られたいくつかのモーションプログラムから選択して実行します。

視覚センサーからの情報を経験値として蓄積し、独自のモーションを作り出すアルゴリズムを持ったインテリジェントシステムを搭載させました。知能のシステムが情報を統合し、身体が動き出すと、U.T.はロボットという存在として理論的にも具体的になると考えました。

Platina

ＧＵＩ（グラフィカル・ユーザー・インターフェース）デザインがＰＣ操作に激変をもたらしたように、「音」による人と機械とのコミュニケーション方法には、大きな可能性があると思います。

そこで赤ん坊が自らの意思を声で伝えるように、ロボットが自身の中にファイルしている音源サンプルからさまざまな音を出すことで、人とのコミュニケーションを発生させようと考えました。ロボットが人との関係を作りながら、自分自身のアルゴリズムに従って自己形成し、独特の音を創発させる装置です。

インテリジェントシステム未搭載のプロトタイプでは、音響効果のみを考え、音と光によって人とコミュニケーションする装置としてデザインしました。腹部にサブウーハー、頭部にツイーターを持つスピーカー型ロボットの形態です。内蔵するＬＥＤが、音の波形に合わせて多様な色のパターンを魅せます。聴覚障害者でも色でコミュニケーションを行

Platina（プラティナ）

うことができます。

描くロボット

「Crest21Art」は、「デジタルメディアを基盤とした21世紀の芸術創造」研究プロジェクトとして、平成16年度に科学技術振興機構（JST）の戦略的創造研究推進事業（CREST）「デジタルメディア作品の制作を支援する基盤技術」研究領域に採択されたプロジェクトです。東京藝術大学の藤幡正樹氏をプロジェクトリーダーとして、東京藝術大学、東京大学、東京工業大学、埼玉大学、近畿大学の5大学で進められました。「描く」ことを科学する研究の一環として、「手」にあたる描画を行う腕と、「眼」にあたる視覚情報を収集する腕を持った実験用ロボットが必要になり、基本設計を私たちが担当しました。

この装置は机の上で実験ができ、軽量で持ち運べる必要がありました。基本構造は右腕6自由度の腕（手）、左腕5自由度の腕（眼）を筒状の肩でつなぐ構造で、腕は折りたたむとコンパクトに収まる設計にしました。肩はスライド式のカウンターウェイトを配置したデザインとなっています。

Metri 生物性の実験

あなたは、「ロボット」と「機械」の違いは何か、と聞かれたら何と答えるでしょう？　何を「ロボット」と呼び、何をそう呼ばないのか。「ロボット」という言葉は人それぞれの解釈がある、幅広い概念です。

ロボットと機械を分けるポイントは、それを「意図や目的を持つ他者」として見なせるかどうかではないか、そしてそれを決める何らかの性質が、その核となる部分にあるのではないかと考えました。

このロボットでは、その性質とは生物性（animacy）、つまりそのものの動きが生き物

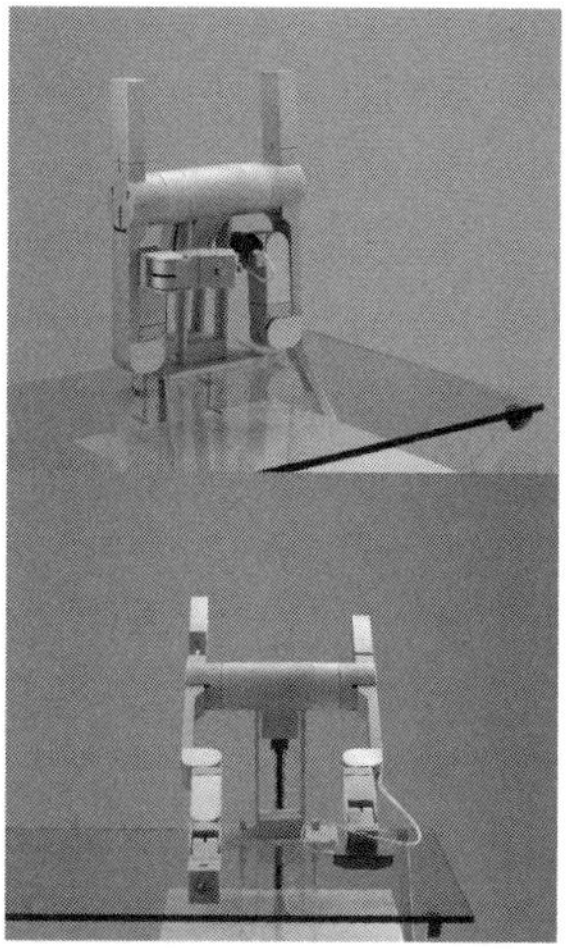

描くロボット

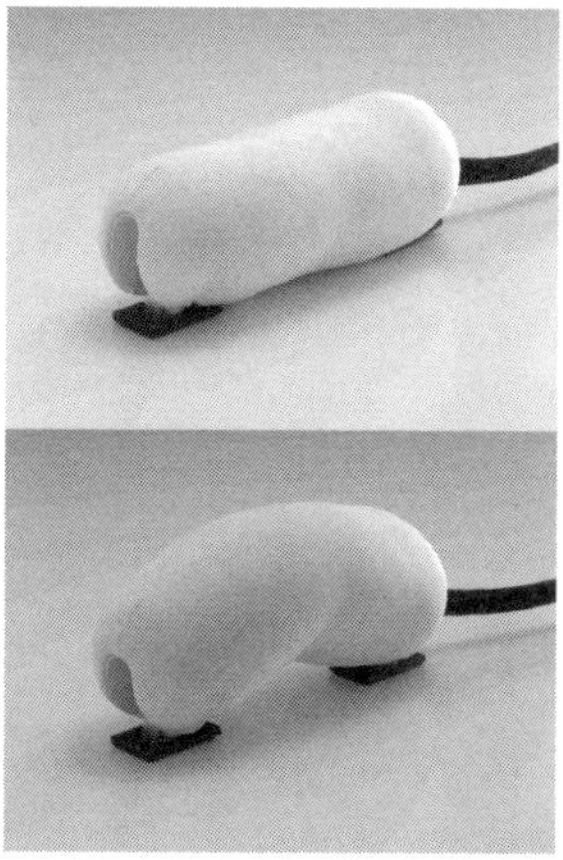

Metri

のように感じられるかどうかである、と定義しました。「機械」を「ロボット」にする鍵が生物性にある――そう捉えた時、ロボットを作るということは何がロボットであるかを作ることであるとともに、何が「生き物らしさ」であるかを作ることになりました。

　未来のフラワー・ロボティクス社をシミュレーションした展覧会（２００７年、水戸芸術館）で、その一角に設置した研究開発室では、ロボットの技術的側面だけではなく、ロボットが人間に与える心理的影響の側面についての研究も行っている設定としました。その事例として展示したMetriは、これまでの静的なプロダクトの延長としての「硬い殻」とは質的に異なる、柔らかい「肉」を持っていました。生き物らしさを作る一手段としての「肉」（という関係性）をどう扱うかということはロボットを作る上で大切な点のひとつだと考えています。

※Metriは、フラワー・ロボティクス社が協力し、東京大学学際情報学府学生の実際の研究の一環として製作されました。

Polaris

「Polaris（ポラリス）」と名付けたこのプロダクトは、ロボットとモバイルフォンの特徴をあわせ持っています。私たちはまず「人とロボット」「情報と生活」をひとつの環境と捉え、この関係性をつなぐために、携帯電話をキーデバイスにしたシステムのデザインを構想しました。

ひとりひとりのライフスタイルに寄り添うことで得る情報を、「収集し」→「傾向を探り」→「適切なデータに変換し」→「持ち主に新たな情報を提供してくれる」という特徴を持った自律型のロボットとそのシステムです。情報端末を携帯することで、毎日の歩行距離、通話やメールの回数、ネットショッピング履歴など個人の行動パターンが収集・蓄積されます。

ロボット本体は充電器の機能も持ち、充電時に情報端末のデータを統合・データベース化します。そして日々集まるデータから学習を繰り返し、それを使ってユーザーの行動を予測し情報を提示する。情報端末の画面では表現しきれない大量の情報や、エンターテインメント番組をテレビの大画面で確認することも可能です。データを元にしたアドバイスを投影することもできます。

そしてロボット本体は、日々の情報収集によってそれぞれに個性を創り出し、特徴ある「動き」「音」「光」を発生させ、私たちに関わりを持ち始めるのです。Polaris（北極星）の名が示すように、情報化社会の大海原を生きる私たちの生活に指針を与えてくれるロボットです。

※ＫＤＤＩ株式会社のブランド「iida」と共同でコンセプト設計・開発を行いました（プロトタイプ）。

Polly

「Polly（ポーリー）」は、左右に45度ずつに動く体と、それに同調して点滅するＬＥＤの目のみの、シンプルな機構のロボットです。これは、今後のプロダクトデザインの重要な課題である「部品数の簡素化」を考察した結果生まれたもので、コンセプトは大変シンプルなものでした。

小鳥をシンボリックに表現したのは「自律・分散・協調」して立体的に空間を横断する、ネットワーク社会を象徴する表現としたためです。人と自然の間を自由に行き来する小鳥は、21世紀の自然と人工物との境界線というテーマを象徴するものでもあります。

また、Pollyは小鳥のシルエットのみを強調した端正なデザインとして、見る人に鳥の

スマートフォンを搭載するPolaris

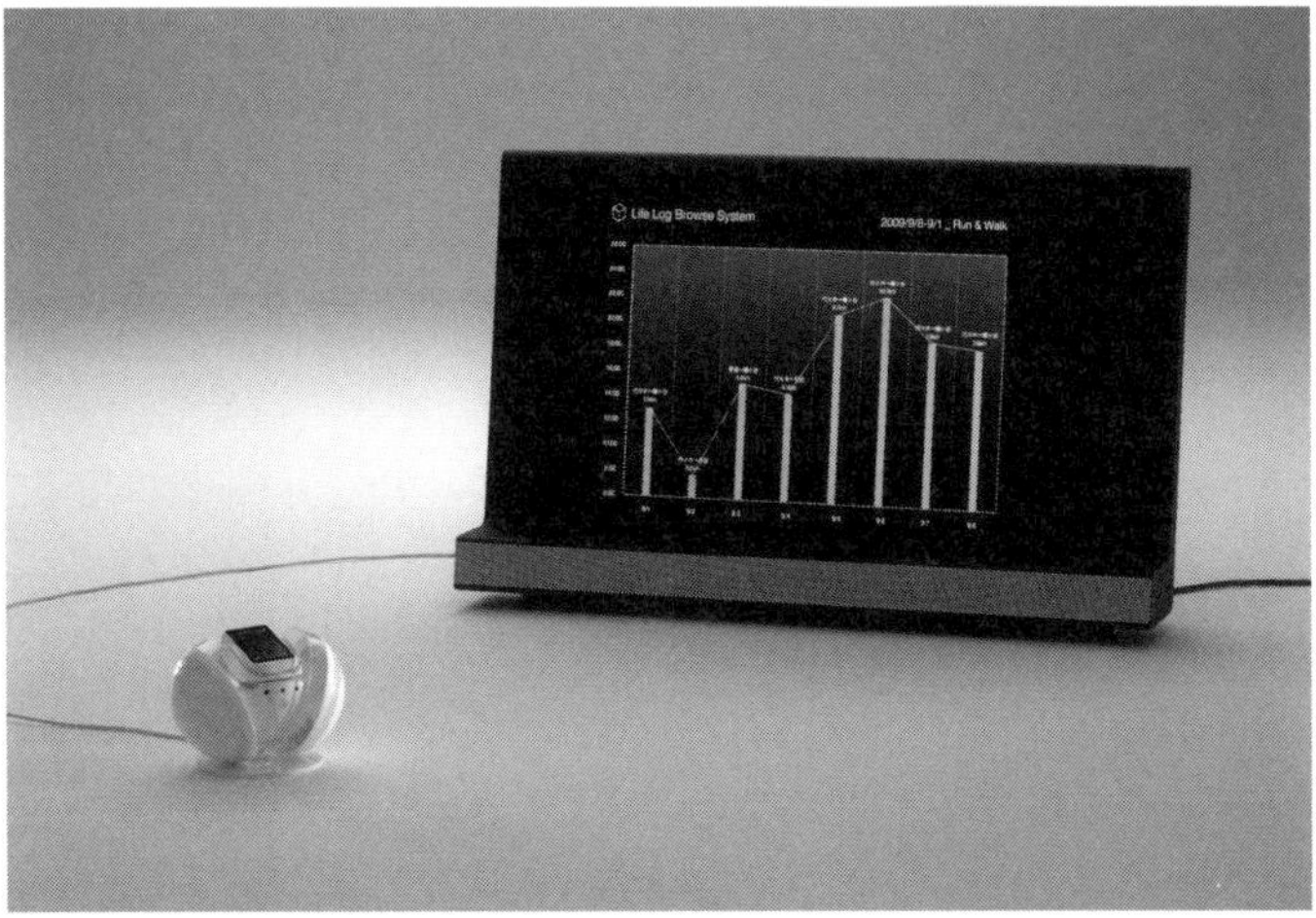

ユーザーの行動から分析した予測データをモニターに映すPolaris

瑞々しい姿を想像させます。「複雑な技術を要する優秀な単体」という考え方ではなく、単機能分散型の技術の開発は、今後さまざまな技術開発においても重要になると考えています。

Pollyという名前は、ポリマー（重合体）から来ていて、ポリマー（polymer）のpolyは、接頭語で「たくさん」を意味しています。小さなものをつなげてひとつのネットワークを作るということ。それがこれからの未来の製品や、社会のあり方になっていくのではないかと考えています。

２０１２年のポーラミュージアムアネックスでの個展「花鳥間展」と、２０１３年の伊勢神宮式年遷宮記念展覧会「Re:Play展」において17羽を特別に再設計して発表しました。

Patin

Patinは6章で詳述しますが、フラワー・ロボティクス社の考案した家庭用ロボットです。Patinという語はフランス語でスケートを意味します。

「家にある家電や家具といった既存のプロダクトが自由に動くと面白いのではないか？」「さまざまなメーカーの製品にスケート靴を履かせたら、新たな人工物が生まれる

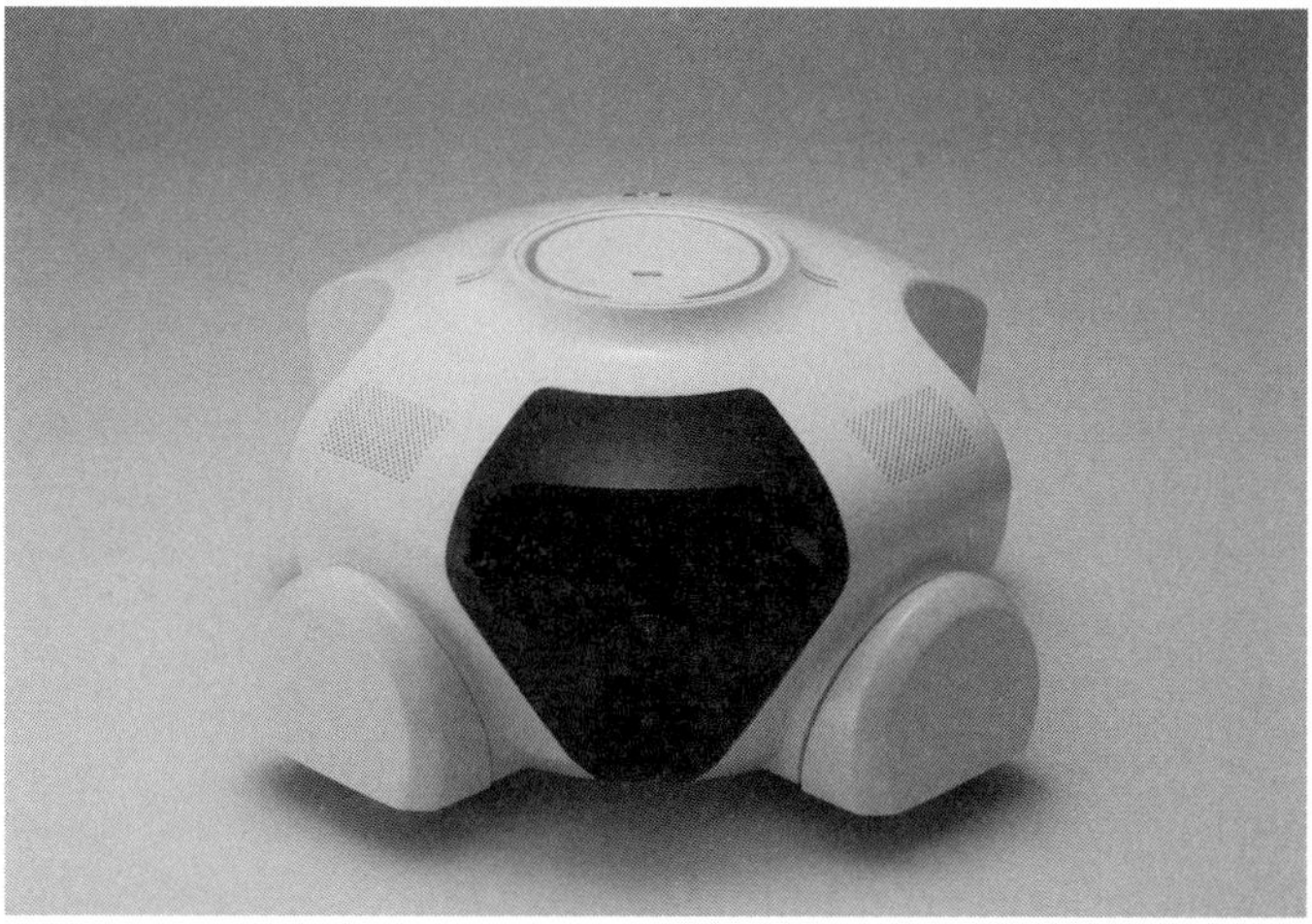

Patin本体（台車部分）

Polly

のではないか?」そして、「ただ動くだけでなく、Patin自体が考え成長し、データを蓄積／分析できるＡＩを搭載していると、さらに活用シーンが広がるのではないか?」——こうした発想からデザインが始まりました。

その結果、Patin本体（台車部分）と取り替え可能な機能部分（サービスユニット）が連結するという新しいロボットの使い方をデザインしました。本体のデザインは基本コンセプトの「スケート」から構想した、滑らかに弧を描く美しい平面移動体で、家庭用ロボットとしての寸法をもち、サービスユニットとの連結に耐えうる構造体としました。さまざまな場面での違和感のないプラットフォームとしてのあり方等を考慮し、機能と使用環境との親和性に配慮しています。

Patin本体の無駄のない動きを実現するために、車輪にはオムニホイールを採用。これにより車輪本体の回転（前後の動き）と車輪の円周上の樽型ローラーの回転（左右の動き）との連動で多方向への動きが得られます。また、オムニホイールの特徴によってその場で３６０度回転することも可能です。

この特徴を生かし、真上から見るとPatinは円形のデザインをしており、円形と車輪の配置が合わさった構造体の外形を持っています。それは、Patin本体、サービスユニット、クラウドとつながり、円環を成して循環している特徴をも表しています。

展覧会での意思表示：ロボットの様を世に問うショットガン

私はロボットを開発していく過程で使い方も含めて新しい価値観を社会に提示してきました。まだ存在しない価値観をロボットに託し未来に一石を投じてきた、そのように自負しています。

冷静な良心の目を持つ社会人として、すでにある機能を〝ロボットっぽい〟形に落とし込んで商品にしたり無価値な人形を世に放置するようなことはこれまでしてきませんでした。幼稚で稚拙な姿をしたプロトタイプをＩＲ／企業価値という嘘の建前のもとに量産することももちろんするはずもなく、まずは純粋な創造物として社会に批評してもらうステージ＝「展覧会」という舞台を用意しまた活用してきました。

この舞台ではこの空虚な現実社会のその先にロボットと人間が共生することで起こり得る前向きで心の躍る世界を想像することも可能なのではないかと問いかけることができるのです。私の提案するロボットを美術館というステージで、芸術作品としてまた人々への問いかけとして見せることができるのです。

その問いかけとしてのロボットの姿から観客は想像をめぐらしそこで得た肯定感がこの社会を変革へと後押しする。この瞬間にロボットは社会批評となり現実突破の起爆物となるのです。

展覧会を通じてさまざまな批判も受けましたが、そこで感じ取ったものを理性へと転化するプロセスが私を強くさせ、ロボットが未来に存在することは可能なのだと信じることができました。

ヒューマノイドロボットのPINOは建築家のマッシミリアーノ・フクサス氏が総合ディレクターを務めた２０００年のヴェネチア・ビエンナーレ国際建築展に選出されて世界の舞台で初めて披露し、ピノキオの故郷のイタリアにおいて二足歩行のデモを行いました。また２００1年にニューヨーク近代美術館（MoMA）で開かれたチーフキュレーターのパオラ・アントネッリ氏による企画展「Workspheres」にも選出され、この未来の働き方をテーマにしたデザイン展では、「ロボットをデザインする創造的な環境とは？」というテーマのもとPINOが開発された北野共生システムプロジェクトの一部をあらたにデザインし直して展示を行いました。ロボットを美術展で披露することで非日常的な高揚感を最初から体現し結果的にその効果はとても大きな可能性を捉えていることを理解しました。

以下に紹介するのはその後これまでに問うたロボットを用いたさまざまな展覧会の記録です。

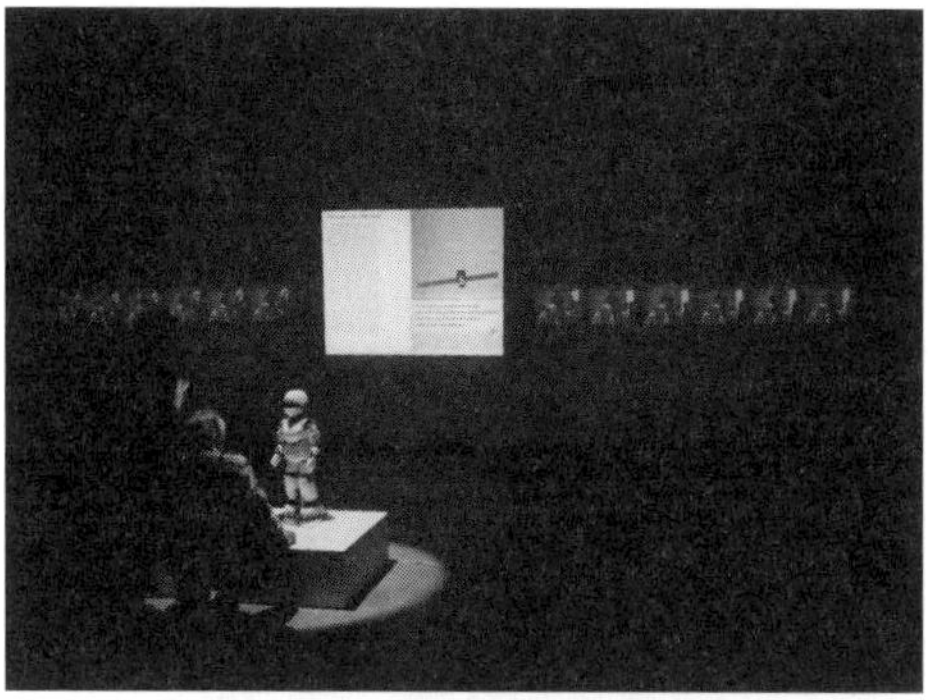

ヴェネチア・ビエンナーレ国際建築展会場でのPINO

ロボット・ミーム展会場でのP-noir

P-noirとロボット・ミーム展

２００１年に日本科学未来館で行われた企画展「Robot Meme」展の展示作品で、インタラクティブなオルゴールというコンセプトのロボット空間を制作しました。

通常P-noirは空間の中でたんに回転を繰り返すだけの人形ですが、観客が持っているセンサーバーから発信される信号をキャッチするとセンサー方向へ動いて踊り始めます。そこで観客はP-noirにさまざまな動きをさせようとセンサーバーを振り回す。それをキャッチするとさらにP-noirはすでにセットされたいくつかのプログラムを使い複雑な動きを始めます。

こうして双方が関係を創り出すことによって、それまで人形であったものが、人間と関わりを持つ人工物へと変化する様子を認識できる作品となるのです。

アルスエレクトロニカ—オープニングアクト

オーストリアのリンツで開催される芸術、先端技術、未来社会思想、メディアアートをメインにすえた世界的な芸術祭として知られるアルスエレクトロニカの２００２年のオープニングに招聘されPosyを使ったライブパフォーマンスを披露しました。

Posyは自律的に動ける技術を持ち得ていない開発したばかりのロボットだったので、エンジニアたちが無線を使って（あらかじめ私が曲に合わせて考えたコレオグラフの通りにダンサーに動いてもらい）それに合わせ複雑な動きをコントロールしながらダンサーの動きに同調させました。

ロボットの無機質な動きはコンテンポラリーダンスのこれもまた無機質を装う動きとあいまってややもすれば人間性を徹底して排除したかのように捉えられてしまうのですが、少女型のロボットと白装束の衣装で無心で踊る若いダンサーのエネルギーが醸し出す無垢な世界観に喜びと優しさのような感情が会場全体に広がっていくように感じられました。最終的に会場から大きな歓声を受けた私は工業デザインの枠でロボットを捉えることは不可能だと身をもって悟りました。

Memory THE ドラえもん展

現代美術展「THE ドラえもん展」で、招待作家として制作した作品です。「ドラえもん」は国民的ともいえる大変ポピュラーなマンガであり、誰もがその世界観を共有している多次元のリアリティを持っています。その世界を立体的に再現しました。

タイムマシンは「ドラえもん」の中でも人気の高いひみつ道具です。物理的にはもちろんタイムマシンは作ることはできませんが、人は記憶と想像力を使うことで過去や未来と交信することができます。

この空間は1975年4月8日の「ドラえもん」のいる部屋を再現しており（70年代の日本のごく平均的な核家族の少年の部屋です）、特殊なイヤホン（小型無電源情報端末）を耳にセットし、押し入れや机に耳を傾けると当時の環境下にあった音が聞こえてくる。作り込まれた過去を体現することで人生は記憶の地層そのものであると認識することができるのです。

La lumière et le passage（2005年日本国際博覧会）

2005年、日本国際博覧会「愛・地球博」の会場にPosyのいる空間を設計しました。「光とパサージュ」と名付けた空間インスタレーションです。暗い回廊をそぞろ歩いていると、光が戯れる真っ白な庭にPosyがたたずんでいる。空間の中で揺れるその光の先々をPosyが追いかけるというものでした。

他のパビリオンはロボットのいる未来社会に対応した技術の紹介の展示ばかりでまった

La lumière et le passage 展会場でのPosy

く色気のないものばかりでした。ディストピア（反ユートピア）への大合唱であり色気を抹殺したメタル社会の構想を羅列したもののようにしか感じられませんでした。私はそんな感性を平気で晒す科学者たちに未来を託すことができません。

Posyを真ん中に配した直径12メートルの円形プランで真白で角のない円の空間はPosyがとても遠い世界の存在だと感じさせます。ロボットがまだ人の生活に入り込める技術ではないことを距離感で示したのです。

「子供たちとPosyが手をつなぎ盆踊りを踊ってほしい」と瞳を輝かせた発注側の無教養にはいささか呆れましたが、これは聞かなかったことにして、このプランを通しました。そんな時は顔で笑って心で嘆くことにしています。

私はクライアントを社会の代表だと思っていません。むしろ経済を最優先した社会が生んだ歪な人種を多く知っています。現代美術に必要な批判的な眼差しを研ぎ澄まして彼らに向けるのです。

水戸芸術館　松井龍哉展

２００８年11月から磯崎新氏設計の水戸芸術館で初の大規模な個展を開きました。個人

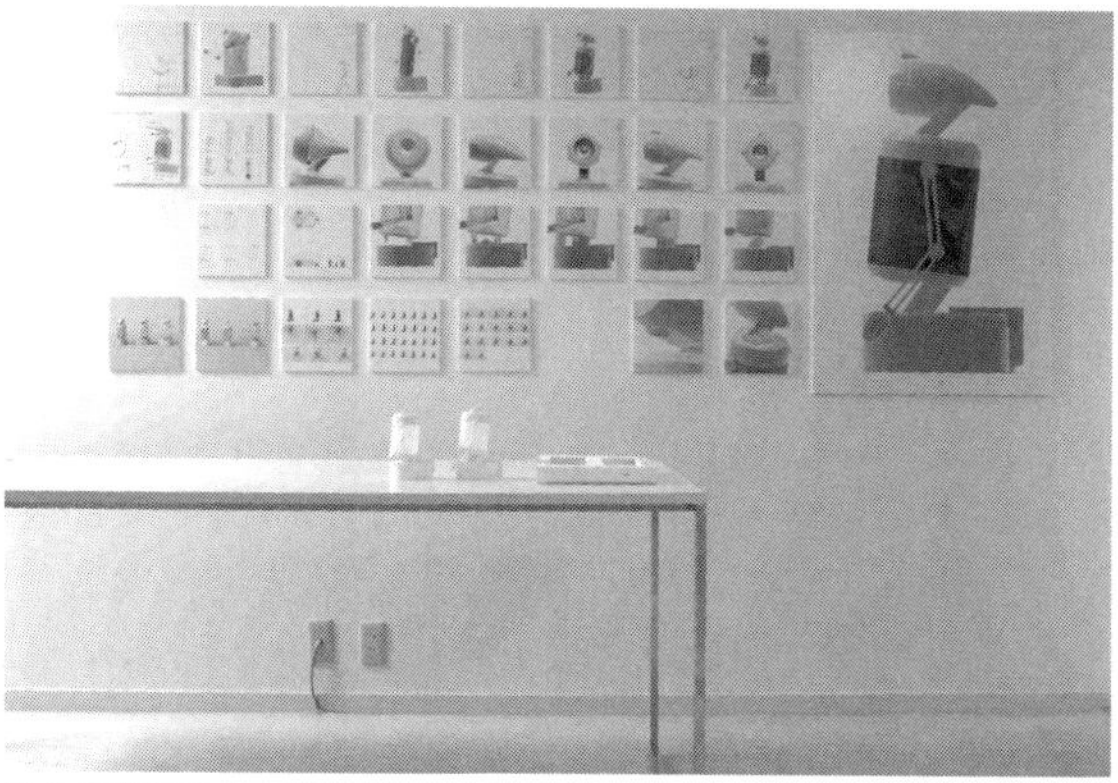

松井龍哉展会場風景。壁のパネル展示はPlatina

的な憧憬空間であるこの美術館で個展を開く機会を持てたのは、正直、とても光栄に感じました。創造的な活動の中核にロボットをすえてブレることなくやってきたからこそ現代美術の大きなステージを用意されたのだろうと受け止めました。

「ロボットをテーマに現代美術として何をどう表現するべきか？」「その視点をどこに向け社会に何を問うべきか？」――たんなる作品展示ではなく展覧会会場全体を使ってこうした次世代へ向けた問いを徹底して行うことを決めました。

そこで私が選んだテーマは「共同体」でした。「ロボット」のような弱く儚く自律した製品が量産されるような未来の社会で人はどのような共同体を築くのであろうか？　そんな問いかけをする展覧会とし、美術館を未来のフラワー・ロボティクス社と設定して、各展示室には、あるはずもないロボット製品の世界販売計画から製造工程まで、さらには先端ロボットの研究開発室を擬似的に体験できる空間を作りました。

あたかもロボットを事業としている会社が普通にあるかのような未来を（現代美術らしい）虚構の世界として美術館のスペースに誕生させたのです。戦後の日本社会が建築・土木と製造業主導で編み出し築いた共同体の崩壊の後に向かうべきステップのひとつを示す狙いがありました。1年間の準備を経て（その間に依頼された仕事はほぼキャンセルしました）、展示作品を制作することに没頭しました。

下記はこの展覧会の主任キュレーターで水戸芸術館現代美術センター芸術監督の故・浅井俊裕氏による当時の展覧会趣旨です。

「人型ロボット『Posy』や『Palette』等を開発したロボットデザイナー松井龍哉の創作活動を紹介します。松井は人とロボットそれぞれの限界を冷静に受け止めて、お互いを補完するような関係を作ります。本展では、次世代の日本を担うと言われているロボット産業を、科学技術の側面だけではなく、デザイン、環境、マーケティング等の視点で具現化する松井の活動母体であり、理念の象徴である『フラワー・ロボティクス社』を会場に創出させます。彼らの活動を垣間みることで、未来に希望があることを想像していただきた

花鳥間展会場風景

いと思います」

花鳥間

２０１２年９月に東京・銀座のポーラミュージアムアネックスで行った個展です。

前記の通り２０１１年３月の東日本大震災の影響で私の創作の核となっていた部分が大きく揺らぎ目指すべき地点さえ見出せなくなっていた時期の依頼でした。

この時期に国として彷徨っている日本で私が創作する芸術には批判的態度は無用でした。逆に覚悟を持って一筋の希望の光を放てば成立する機会でもありました。芸術が本来持っている、憂いなき世に活路を与える力となり精神の糧となるヴィジョンを創作することに没頭したことは正しい態度であったのです。

ロボットデザインがその方向を示せるのであればやるに値する——こうした思いから「花鳥間」というコンセプトにたどり着き、17台の小鳥のロボット（前記したPolly）を製作し、空間全体に咲く生け花に埋没させ、環境と人工物の新しい関係性を亜空間として創作を行いました。

以下は私の展覧会への寄稿文です。

インスタレーション「花鳥間」について

「四季折々の花やそこに集う鳥達を、繊細な描写で描く日本画の総称〝花鳥画〟。中国から伝わった自然描写の技法を長い時間をかけ日常の生活美へ浸透させてきた日本人の美的モラルがそこには存在します。私がデザインで大切にしている事は、生み出す物が、人の生活の営みの中に自然に存在しながら、新しさと前向きな気持ちを想起させる事。デザイン対象は、それが使われる環境の中の要素の構築。環境から用途と美の力学を発見し、環境へと具象化させる仕事です。しかしながらあの震災によって日本人の風土としての環境は劇的に変化しました。技術の象徴も未来を脅かす存在になってしまった。絶対的環境の歪みは、『当たり前であった感覚』を崩しました。もう環境自体を想像しなければならない、それは古代より日本人が『ほどあい』として持っていた謙譲心との邂逅。私達は四季とそこに生息する無数の命をはっきり認識して物を生み出す必要がある。日本画に描かれた世界観をあらためて咀嚼するのは、複雑な時代を生きぬかねばならない私達にとっての智恵があると思うからです。——人工物の想像は自然に寄り添うことから始める——『花鳥間』にこめた私の想いは、物作りに新たな基準を提案するものです」

Hello, Robot. Design between Human and Machine

国際的なデザイン調査により集められた２００台あまりのロボットのコレクションで構成されたロボットデザインの展覧会で、ヴィトラ・デザインミュージアムの企画によって２０１７年11月から開催されました。

同ミュージアムが見据える未来を想起させるロボットとして、日本から私たちのロボットPatinも選出されました。主任キュレーターのアメリー・クライン氏はヨーロッパのデザイン界において重要人物の一人で、彼女の「デザインの思想性と社会有用論」を通じた現代への問題提起は大きな影響力を持っています。

このロボットデザイン展は、これから世界が向き合わなければならない未来社会を、ロボットをメインの題材としながらデザインで可能にする新しい環境デザインを提言するものでした。クライン氏が展覧会のために執筆したテクストは、私の20年のロボットデザインの思想と実践から捉えてきた問題点を明確に捉え提言されており、初めてこの分野での同志を得たという感覚を持ちました。以下がその内容です。

「『Hello, Robot. Design between Human and Machine』は、現在のロボットブームに焦点を当てています。幅広い分野の数多くの展示品を使用して、この展覧会では、現在および近い将来にロボットと出会う分野を調査します。産業、軍事、日常生活などはもちろん、子供部屋と老人ホーム、私たちの体とクラウドの中、ショッピングモールやセックス、コンピュータゲーム、そしてもちろん映画や文学の分野も含めます。私たちの環境がよりスマートになり、より自律的になっているという事実に私たちがどのように対応するかを見ていきます。この展覧会は、私たちの——しばしば相反する——新しい技術との関係を明らかにし、個人および社会としてこの関連で直面する機会と課題を探ります。さらに、今日のロボット工学の技術的進歩によって提起された倫理的および政治的問題を検証します。そしてこれらの質問への回答にしばしば存在する矛盾に直面します。この複雑なダイナミクスでは、デザインが中心的な役割を果たします。それは一貫して、人間と機械

Hello, Robot. Design between Human and Machine 展にて。右はPatin

の間、およびさまざまな分野の間の仲介者としての役割を果たしてきました。ロボット工学に関する感情的に議論された談話でも、それは一見矛盾した矛盾を埋めるのに役立ちます。熱意と批判、希望と恐怖、ユートピアとディストピアは、理論的実験と具体的な解決策の両方に対等な立場にあり、それらを考慮しています。ただし、設計の基本的な概念は、オブジェクトの外側シェルの単なる設計をはるかに超えています。むしろ、ロボットデザインが人間と機械の間だけでなく、個人間の相互作用と関係をどのように形成するかについて議論します——良くも悪くも。さらに、ロボットが私たちの日常生活のますます目に見える特徴になり、洗濯機、車、ＡＴＭの中に見えない光景ではなくなる場合、設計の不可欠性を実証します」

２０１７年11月展覧会のオープニングは印象的でした。ロボットデザイン展の隣ではディーター・ラムス氏のこれまでの作品を展示していました。バウハウスの実質的な製品化を体現しているラムス氏の20世紀の工業デザイン史の傑作作品群とこれから日常の風景を成す新しくまた最もバウハウス的なデザイン運動であるロボットデザインの展覧会が同時並行的に開催されていたのです。きわめて有能な人間の仕事を見せつけられ、これには唖然とするしかありませんでした。

第5章

Posy——詩学としてのロボット

21世紀の新たなロボット像へ

私はロボットにかかわらず創作においては想像する対象の背景となる物語の設定から始めます。PINOでは宇宙船に乗ったピノキオという物語であり、Posyは結婚式で新郎新婦を誘導するフラワーガールから構想しました。

Posyの開発は２００１年シリコンバレーのスーパーコンピュータの老舗メーカーであるシリコングラフィックス社（ＳＧＩ社）の日本法人からの依頼で始まったものです。

ＳＧＩ社とは私のグラフィックス用のコンピュータを購入するところから知り合い、当時私も参加していた自律型ロボットの国際的なサッカー大会であるロボカップのスポンサーとして協力いただくなど接点は数多くありました。

その頃、PINOはヒューマノイドロボットの研究開発に最初からデザインを取り入れ、ピノキオとの親和性や寸法を子供のサイズ（70センチ）としたことで世間に最も知られる研究用のロボットになっていました。２０００年のイタリアのヴェネチア・ビエンナーレ国際建築展での初のデモやMoMAに展示された最初のヒューマノイドロボットになったことなど話題は大きかったのですが、決定打になったのは日本の音楽シーンに彗星のごとく現れ快進撃中の宇多田ヒカルさんの「Can You Keep A Secret?」のプロモーションビデオ（ＰＶ）への出演でした。

この２００１年の日本の音楽界で最大のヒット曲のＰＶはとても多くの人々に見られていました。時としてこういう機会や出逢いもあって、仕事というのは理論を積み上げれば結果が出るというわけでない、そうしたもろもろの効果は到底理屈で測ることはできないということを悟りました。

21世紀を迎えるにあたりロボットという存在は先進性のオーラを纏っていました。そこに多くの人が気がついたのです。私はマーケティングの理屈にはまったく関心を持っていませんが、タイミングは完璧でした。

企業の先進性を伝える役割としてのロボット。ＳＧＩ社にその効果は魅力的に映ったのです。私は彼らが視覚的な効果としてロボットの姿に何を期待しているかが手にとるように分かりましたが、その期待に応えることはあまりに簡単すぎてお粗末な結果も容易に想像ができました。

PINOのようなアイコンとしてのロボット。ＳＦ映画に出てくるような未来を予感させるキャラクター。この方向とシリコンバレーの先端技術企業との相性はいいのですが、先進という意味の解釈をＳＦ的なロボットに纏わせるのは私にはかなり稚拙に感じられたのです。

20世紀的なロボットの固定概念は払拭して21世紀の新たなロボット像を切り拓くことこそ先進性というもの。そこでこのロボットを誕生させるには無からの創造が必要となりました。

研究や技術開発や商品開発にはそれぞれ明確なテーマと目的がありますが、Posyの場合はテーマそのものを探り出すことから始めたのです。これはロボット開発では稀なケースといえます（※1）。

「余白」のデザイン

Posyの開発は、ＳＧＩ社からの要望に対しては何の前提もなしに、「22世紀のロボットの存在はどうなっているのか？」「１００年後、人とロボットの関係がどのようなものになれば、美しい情景となるのだろうか？」と自問をするところから始まりました。「便利」や「友達」といった、思考が停止してしまうような安易な言葉はまず私の辞書から消去しました。そこを突き詰めれば結果的にはＳＧＩ社のためにもなるだろうと考えたのです。

「人の心に寄り添う」というテーマは人間をかなり単純な精神性で捉えた安易な〝上から目線〟から生まれたものといえます。心ほど不確かなテーマをロボットの技術程度で捉えられるわけがない。期待値を上げてもロボット（技術）に裏切られる結果は目に見えています。

人間はそれぞれに特別で特殊な個人です。無理矢理に感情を定義付け分類してロボットと人間の間に単純な相互作用をもたせることができたとしても3日もすれば飽きてしまいます。そして不要な機械として見向きもされなくなってしまうでしょう。

人の心に寄り添うことなどできない相談なのです。人が物を買う動機は単純ですが利得感がなければ使い続けません。技術と人間の限界を見極め、ロボットと私たちが接した時に得られる安堵感をどこに置くかに焦点を定めるべきなのです。

そこでPosyは人の想像性を創発させる「余白」をテーマとしようと考えました。明確な機能を持たせずロボットの未熟な機動力との触れ合いから、このロボットの進化を想像させる余白をデザインしようと考えました。機能や玩具ではないロボットの未知の役割を想像する喜びをもたらすことがこのロボットの存在なのだと考えるようになっていきました。

しかしまだ決定打となるものがありませんでした。

Posyという名、そして希望の光

Posyはその名前を決めた時に、これこそ目指すべき世界観でそこには美しい情景が待っていると確信をもちました。そして２０２０年、新型コロナウイルス感染症に世界が大きく揺さぶられ始めた時に、このPosyの名前を思案していた２００１年当時の記憶が蘇ってきました。２００１年に私が受けた雑誌のインタビューで「Posyは黒死病からの着想」という記事がありますが、当時は誰もピンとこなかったようです。

私のロボットのデザインは名前を決めることでスタートし方向が定まります。言葉のイメージは創造に陰影を折り込みカオスに輪郭を与えます。Posyという名前は妻から教わったマザー・グースの「Ring-a-Ring-o' Roses」という歌の歌詞からインスピレーションを得て生まれました。

Ring-a-Ring-o' Roses,
A pocket full of posies,
Atishoo! Atishoo!
We all fall down.

歌の背景にあるのは１６６５年から66年にかけてロンドンを恐怖の底へと引き込んだ黒死病（ペスト）の大流行でした。『ロビンソン・クルーソー』の作者ダニエル・デフォーの記録小説『A Journal of the Plague Year（ペストの年の日誌）』にはこの疫病と運命を交差させるイギリス人たちの日々が克明に記されています。

コロナ禍の私たちと同様に、人同士の接触をさけて隔離生活を送り希望の見えないままに暮らしている人たちの物語です。しかし、絶望の中でも人々は希望に向かい粛々と前に進んでいきます。光ある方へ。それが生きるということであり、光は普遍の生きる道標なのです。

このマザー・グースの中の歌は、皆でポケットに花束を入れて集まり、手をつないで輪になって赤い薔薇の花輪のようになろうというもの。実際イギリスの子供たちはこの歌を歌いながら皆で手をつないで輪になってぐるぐると回り、最後に手を離して地べたに倒れ込むという遊びをしています。

しかしこの歌が生まれた背景には黒死病が関係しているとする説があるのです。薔薇の赤は黒死病の初期症状で顔が赤くなることを示し、花束（posies）は薬草のことだというのです。そして歌の最後ではくしゃみをして（くしゃみは病気が進行したことを示します）最後に皆が倒れるというゾッとする話なのです。

ここで腑に落ちるのは希望を望む姿には絶望という背景があり、互いによって立っているということ。安易な希望には光もなければ影も無いということなのです。

この歌のposies＝薬草は人々にとっての微かな希望と読み取ることができます。薬草は光なのです。薬草という隠喩を得た私は新たなロボットの名前をPosieとしました。

Posyは最初はこの詩の通りPosieというスペルでしたが、イギリス英語のスペルであったため、ＳＧＩ社のＵＳＡ本社への説明時にはアメリカ英語のスペルでPosy（意味は同じです）としました。

光のある方へと先導するPosyのイメージ。薬草から想起される理性と〝希望のために〟という動機を象徴する優しいロボット。光を感じる人の能力こそが未来へと向かう原動力となるのです。

声にならぬ声を拾い、創造の核となる環境を作る

Posyを現実的に開発していくプロセスは、これまで社会に存在していなかった概念や必要とされていない道具をこの世界に早々ともたらした無謀な行動の記録であったといえるでしょう。

販売計画がすでに決まっているプロダクトや社会が切実に要求する機能をマッチングさせて商品計画を行う際の通常のアプローチはもちろん異なります。製品というものは資本主義経済をその背景にもち、企業が綿密に市場調査を行い緻密な計画を立てた上でプロジェクト化されます。

しかし市場の声だけを拾って売り上げが計画された製品が新しい価値を創り出すことはほぼありません。社会の声にならぬ声に耳を傾けることに未来の断片が見えてくるのです。

しかしながらその声は不確かなものと判断されがちです。利益追求を正義とする企業社会の形骸化された倫理観からは不確かなものと諭されてしまうわけです。時にその場所から離れる必要があります。新しい物を創り出す仕事を選ぶなら、その判断を鍛え上げること、これが人生を左右することにもなるのです。

Posyの開発当時私は32歳。大学を出て10年が経過していました。

デザインや建築の仕事をしながら今ある社会という枠組みの中で真に創造的な活動をするには、少ないにしてもいくつかの手法なら可能であることを習得していました。

新しい物事を想像するには利益追従という環境からいったん抜け出し、未来にとっての理想に没頭するプロジェクトを獲得して最適な開発環境を作ることが肝要です。

ミケランジェロの時代からそういうものなのです。10年かけて産業界に張り巡らされた網の目を理解し技術を習得し作り方の方法論を理解したならば、次は利害関係のない（ここが大きなポイントです！）野心的なパトロンとの出会いを引き寄せること。そして、自分がクリエイティブの核となる環境を自ら作りだすこと。誰かに遠慮が出るような環境ではここ一番の勝負をすることはできません。

Posyの開発のきっかけは、PINOが社会的に広く認知されたタイミングでそれまでほぼ縁のなかったＳＧＩ社（当時のシリコンバレーではアップル社よりも断然、魅力も興味もあった企業）からのヒューマノイドロボット制作の依頼――具体的な開発費が示されていました――でした。これこそすぐさま行動に出る時と躊躇はありませんでした。

自律性を持ったヒューマノイドロボット

ＳＧＩ社への最初のプレゼンテーションまでにPosyの機能や期待されているデザインを打ち出さなければなりませんでした。

Posyという名前を決定してその方向性は定まっていましたが、工業デザインとして機能とスペックを決めてデザインの準備をしなければならない。しかし機能というところからデザインの想像を始めると機能を決定するという判断が生まれます。

工業デザインでいう機能とは具体的な道具としての役割そのものです。道具として使われるには生産性を上げるための動力や力学を人が使いやすいインターフェースとして設計するということになります。

ヒューマノイドロボットは道具としてＳＧＩ社に（というより未来に）何をもたらすの

でしょう。

ヒューマノイドロボットは社会が要求している役割が相当曖昧で、車などと同列に並べられるほど明確な要求というものがありません。

最終的には人（の身体）に代わる生産的な社会的労働力のシステムの一部として機能することが求められていることは容易に理解できます。そしてまた一定の機能（たとえば同じことを正確に繰り返し続ける）を果たす場合には人よりも効率が良いことからもその存在意義は想像しやすいのですが、すべてが人型である必要はもちろんありません。

人型である最大の理由は、最古の都市が計画されて以来、人が活動する場所は基本的にすべて人の身体に合わせて設計されているということにあります。人間が作った空間で立体的に動きを伴いながら活動するには人型であることはある意味理にかなっているのです。道具として解いていくと人型になる理由はまずそこにあります。

そしてそれまでの道具とは一線を画す21世紀のロボットとしての特徴である「自律性」は道具を進化させる概念にもなります。ある環境・状況下において最適な判断をしながら行動する「自律性」を持ち得る新しい道具のクリエイションがヒューマノイドロボットには求められます。

キャラクターのデザイン

しかし、SGI社からの要望として上がっていたものに「キャラクターとしての役割」という項目がありました。キャラクターのデザインは私がそれまでに手がけてきたデザインの素養にはないものでした。

PINOでの経験から学んだことは、キャラクターを仕立てていくにはその背景に物語が必要だということでした。Posyでも花束を意味する名前から具体的な姿を決定し背景となる物語を決定するという段階が始まったのです。

キャラクターという発想が機能以前に求められるヒューマノイドロボットのデザインは工業デザインのセオリーからすると大変不可解なものです。実社会の中で人が使う道具を設計することを工業デザインの第一目的だとすると、実社会での機能が決定していないロボットのデザインはまず設計自体がやりようがないのです。

何をさせるかも含めてデザインしてほしいというクライアントもいました（ロボットならなんでもいいという依頼です）。あるいは「可愛いイメージ」「愛されるイメージ」「SFに出てくるクールなイメージ」「ペットのイメージ」などと言われても工業デザイナーにはまるでピンとこないのです。

キャラクターとは「個性」「性質」「性格」「気質」――他と比べた時に際立つ資質であり、デザインをする時にはその資質をなぞることになります。この機械の「個性」「性質」「性格」「気質」をデザインしてくれといわれても、機能をデザインする工業デザイナーにはそもそも依頼自体が的外れなものなのです。

ロボットの場合に期待されてしまうキャラクターのデザインにはもちろんＳＦなどのイメージが先行していることもありますが、ヒューマノイドについてはその形が機能を超えた役割を期待させてしまうところがあります。

実際、ＳＦ映画には人と自由に会話をしたり、一緒に歩き回ったり、仕事を手伝ったりするヒューマノイドロボットが出てきますが、そういうことを現実的にやるには技術的に無理があります。Posyの開発から20年を経た現在でもその状況は変わっていません（１００年後はわかりませんが）。

単なる形の提案ということでは車のモーターショーなどで「コンセプトカー」と称し企業の先進性をアピールする方法が確立されています。それを21世紀の今、ロボットでやることはすでに20世紀に映画の中で散々見せられていて特に目新しさはありません。

現時点の技術でどこまでヒューマノイドロボットを見せてよいものか？　技術で不可能なことは形にして見せる必要もないですが、しかし違う視点を持てば、今ある技術で未熟な未完成としての形を見せることを目指すのは、そのこと自体が面白い行動になるのではと思いました。

そこでキャラクターの方法論が活用されることになります。「完璧ではない」「未完成」「か弱い」「未熟」という言葉で状況をまとめることができるのです。

詩的なロボット

このような機械がPosyという名のもとに人々に希望を持ってもらう存在になるためには、その形姿はどこに求めればよいか。そしてPosyの背景となる物語をどのようなものにするのか？

ここからは堂々巡りが続きます。Posyの役割である「希望」という抽象度の高い観念をリアリティのある表現にするため、「希望」→「幸せ」→「笑顔」と言葉を変換しながら、では「笑顔」はどのようなシチュエーションにあるのか？と「笑顔」の集まる場所をリサーチしていきました。そこで結婚式という非日常の場面に接してみた時に「これだ！」と確信のもてる光景がありました。フラワーガールの存在です。

アイロニーの無い無垢な幸福の象徴としてまた天使のアイコンとして新郎新婦を先導する姿にPosyのあるべき姿を垣間見たのです。

結婚式のフラワーガール。まだロボットにデザインとしての機能をどう具現化するか思案していた私に、花の役割こそがロボットに求められる機能になるのかもしれないという予感もありました。

20世紀の工業製品が生み出された背景には、大量生産・大量消費をベースにした生産者と消費者の関係で密接に作られた資本主義社会のルールがありました。そしてこの社会で生産されるすべての商品は消費者が購入を決める際にポイントとなる機能が明確です。

しかしすべてが企業と消費者の関係だけで作られているこの社会と地球環境との関係に私は疑問を持っていました。20世紀の資本主義経済はピークを超えて過剰なサービスに逼迫する日々。これは単に非合理的であり地球にとっては害にしかなりません。人が生きる環境にこれほどまでに不自然にモノが量産され、それに付随する製造過程を抱え持つ産業界——新しい時代を築いていく責任のある社会人デザイナーがこれに参加すべきではなくなるのではと考えていました。

しかし工業製品ではないものに目を向けてみると21世紀の工業製品の社会的な役割もまた見えてきました。そんな時、研究所の下にあった花屋さんで人々が毎日購入しているたくさんの花に魅せられていました。生活の中で人が花を買う理由には、生産的な機能とは別の、現代生活の中で精神性を補うという機能（というか価値）があると再認識していました。

「フラワー＝ロボット」という構想が生まれ始めていました。すなわち、機械でありながら生物的なしなやかさと強かさを備えた設計思想を持つロボット。

花のようなロボットとは具体的な機能によって役立つだけでなく人の精神にも関わる存在であり、贈られれば嬉しいけれども育てる義務を伴う。そして21世紀に社会のさまざまな場面で活躍することになるであろうロボットはこのような花のようなロボットであり、材料や製造工程や製造する数も最小限であることが理想的です。そのようなロボットが活動するであろう21世紀の半ば頃の世界観を私は持っていました。

Posyの姿をフラワーガールとしたことにより花のようなロボットへのさまざまな思案をひとつにつなぎ止め、かつロボットをとても詩的なものとして存在させることができるのでは？――ここに「詩学としてのロボット」という幻想が誕生したのです。

3歳のフラワーガール

そして、海外のものも含めさまざまな資料を調べながらフラワーガールに相応しい姿の研究を始めました。特にルールはないようですが、年齢的には3歳から8歳ぐらいまで。3歳児は身長が90センチぐらいが標準で、フラワーガールとしての仕事を理解できる最年少の年齢です。

実際には5歳ぐらいからが多いようですが、いろいろと調べながら3歳児の身長は〝無垢〟を表現するのに最適なのではと思うようになりました。

その頃私は毎週日曜日に東京カテドラル聖マリア大聖堂で開かれる結婚式の見学に通っていました（※2）。

この聖堂は建築家丹下健三の傑作であり、バチカン公認のミケランジェロのピエタ像のレプリカもある唯一無二の場です。聖堂の大空間で見る結婚式は空間の荘厳さと重なり現実を超えてわれわれの裡に気高い霊気が満ちてきます。そこで見た3歳のフラワーガールは疑うことなくこの空間における天使であり、彼女の身長の90センチという寸法をPosyの寸法に決定しました。

90センチという寸法がとても良かったのは、もうひとつ理由があります。フラワーガールを終えた3歳の女の子が向かう先は大抵が母親のところです。母親は、大役をつとめた娘を誇らしく思い、安堵して近づいてくる娘に少し腰をかがめて迎えます。娘は顔をあげて母親に近づいてきます。

この時の母と娘の目線の角度こそ互いの信頼を表す角度であり、誰もがそこに無垢な愛があることを信じて疑わないでしょう。そしてこれには目線の角度だけでなくフラワーガールの身長＝寸法も関わっていることを理解することになりました。美は全体の調和にあり、デザインをするということは調和へと向かうバランスを解いていくことなのです。

ヒューマノイドロボットはその寸法の設定に哲学がなければ人と社会を背景にした設計思想を持たぬ機械という印象になります。すでに書いたように人よりかなり大きく設計してしまったヒューマノイドは恐怖の対象となってしまうし、小さすぎると玩具の印象をまぬがれません。

適正な身長が決まれば次にプロポーションに特に気を使って構成しなければなりませ

ん。身長90センチのヒューマノイドを成人の身体のプロポーションで構成してしまうと不自然な形が生まれてしまうのです。

不自然な形は見るものに誤解を与えます。成人のプロポーションなら成人のように社会に適応できる能力があるように見えてしまう。ロボットにそんなことはとてもできません。ヒューマノイドというのはそれほどにデリケートにユーザーの意識に働きかけるがゆえに慎重に作り込んでいく必要があるのです。

どのような印象が正解なのか

私は3歳の子供の寸法データをさまざまな資料から調べました。また世界のさまざまな国の子供のファッション誌を取り寄せ、子供の振る舞いや服との関係を調べていきました。

子供のファッション誌にはフラワーガールの写真もかなり多く掲載されていました。Posyの場合は衣装と外装を同列で考え、全体のシルエットとしてフラワーガールの印象に近づけていく方向としました。大きな印象からはじめて地道にディテールを作り上げていく他にやりようがありませんでした。

　Posyの姿はスケッチに描いて具体的に示すことはしませんでした。スケッチが決まるとそこに縛られてしまう。特に顔は作り込まないように気を付けて、全体の雰囲気の造作へと進むことにしました。

　工業デザイナーがデザインしたロボットにはキャラクター性を無視した無骨なデザインが多く存在します。またキャラクター優先で作ったロボットには機械の美学ともいえる機構的な設計がまったく考慮されてないデザインも数多くあります。それはそれで方法論があるのだと思いますが、ヒューマノイドロボットの美しいデザインとは誰もが知っているようで誰も見たことがないものなのです。

　やはり最初の設計のスタンスを決めないと出口は見えてきません。すでに持っている感覚を次の時代のために新たな調和として再発明する必要があるのです。

　工業デザインにないヒューマノイドロボットのデザインは、用途が決まっていないプロジェクトではロボット工学の技術の現時点での限界を見極めながら社会にどう適応させるかから想像を始めなくてはいけません。

　人の形の表現というものは古代より私たちの生活に密接に関わってきた長い歴史があり

ます。その歴史の中で私たちは人の姿に神々しい理想を求め美的な価値を築いてきました。そんな私たちの蓄積された人の姿についての意識の延長に現代技術の粋としてのロボティクスが合わさったものはさてどんな印象を与えるものが正解なのだろうか。私は無論まだ確証を得ていません。しかし、ヒューマノイドロボットのデザインは工業デザインの方法論ではどうやら入口にさえ立てないということはわかっていました。

SGI社へのプレゼンテーションに備えて

Posyという名前と結婚式のフラワーガールという物語が整ったところで、ここからようやく具体的な造形物としてプロトタイプを作る展開になりました。

この時、私は科学技術振興事業団（現：科学技術振興機構）の研究員でした。つまり文部科学省の管轄にある国立の研究機関に所属していたので、Posyの構想はすべて夕方以降か週末のプライベートな時間でコツコツと行っていました。そしてPosyの構想には4カ月ほどかけてたどり着いたので、ここで日本SGI社へプレゼンテーションして具体的にプロトタイプを製作するか否かをUSAの本社CEOに伺うという段階に入りました。

プレゼンテーションの資料を作るのもすべて研究活動終了後の深夜から朝まで。または週末を使ってまとめました。

「なぜPosyなのか？」「なぜフラワーガールなのか？」という説明を文章にまとめ、イメージ図は日本ＳＧＩ社の受付でお客様をナビゲートしている90センチのフラワーガールのシルエットに。お客様の目線と90センチからの目線の角度などを図にしました。開発のスペックなどはもちろんありません。ＳＧＩ社はコンピュータグラフィックスという産業を築くことに最大の貢献した企業です。ＳＧＩ社の技術開発の礎がなければ『スター・ウォーズ　エピソード１／ファントム・メナス』以降の特殊効果もあれだけスムーズには動かなかったのです。

Posyは、その次の次元の世界を築く革新的企業を目指してほしいと「ＣＧの世界からリアルの世界への新しい革新を！」と付け加えた資料をコツコツと作りました。そしてＵＳＡ本社のＣＥＯに見ていただく前に当時の日本ＳＧＩ社の法人営業職であった大塚寛氏（ＳＧＩ社の初のＰＣ製品を購入してからの仲となりロボカップやPosyにつながったキーパーソン）を通じて日本ＳＧＩ社の和泉法夫社長にPosyの構想について説明をしました。

後から合点がいったのですが、和泉社長は上智大学の理工学部出身でした。教会に通ってフラワーガールという文化に行き着いた話は、クリスチャン系の大学で学んだ和泉社長には通じないストーリーではありませんでした。じっくりと聞いてくれた上で、本社のＣＥＯにプレゼンテーションをしてプロトタイプ制作の承諾を得ようということになりました。

予算は初めから５００万円であることは伺っていました。この時点でも私はまだ独立をしていません。したがってPosyのプロジェクトは日本ＳＧＩ社の社内プロジェクトとして彼らが予算をコントロールし、私はそこに研究外時間に参加するボランティアという形（無理があるけれど、しょうがないのです！）でＣＥＯ来日のタイミングでのプレゼンに備えました。

ミッションを共有し未知のロボット像にチャレンジ

それから間も無く当時のＣＥＯロバート・ビショップ氏にPosyの構想を説明をしました。日本ＳＧＩ社の方々も熱心にPosyの説明をしてくれました。実は最初は日本ＳＧＩ社の誰に話をしてもフラワーガールという発想にはいまひとつピンときていなかったようですが、それはすべて承知の上でPosyに関わってもらう意思を伝えていました。

「スター・ウォーズ」シリーズの製作に影響を与えた企業なのであの手のドロイドのデザインを提案したら社内的には一瞬盛り上がると思いますが、映画と同様のドロイドの再現は技術的に不可能であり期待値だけが膨らみほとんど信頼を失ってしまったでしょう。

あのドロイドはジョージ・ルーカスの創造の産物でありすでに世界観が確立しています。もっと違うアプローチの必要性やどこにも存在しないオリジナルなものを自分たちの世代が築くことの意味を説くのに時間は少しかかりました。

ＳＦ映画などのヒューマノイドロボットに持っている固定観念をまず払拭してもらい、これまでに誰もアプローチしていないロボットの存在意義を表現すること。そして、ステレオタイプのロボットとの主従関係のイメージを分断し協調性や調和をテクノロジーで表現するためのまったく新たなロボットの誕生……。

まだ誰もチャレンジしていないロボット像を生み出すというミッションを皆で共有することこそがこのプロジェクトの最大の価値であると伝えました。

この時点で徐々にチームが形成され始めていました。

ロボットを実際に作るとなるとまずは、さまざまな人たちの特殊な能力を集めなければなりません。実際の開発に携わる技術者に限らず、プロジェクトを進める上でのマネージメントや開発費の管理や運営に関わるメンバーなどチームワークによる運営が必要になります。それぞれが持ち場に責任感を持って仕事をしてもらう大きなミッションを作ることがプロジェクトを前進させる最初の仕事です。

Posyを作ることで、どこにもない特別なヒューマノイドロボットを作るという偉業にチャレンジできる。私たちが開発のプレッシャーから距離をおき自由闊達に行動ができたのは、研究用ロボットではなく、企業が販売をする製品でもなく、人とロボットのこれからの関係を未来に伝えるロボットというゴールを設定したからです。

ロバート・ビショップＣＥＯへのプレゼンはこれも早い段階で理解をいただき、具体的にプロトタイプを作ってみようとなりました。

人の感覚にフィットする造形へ

Posyのデザインは私には特殊な経験で、このようなデザインは今後手がけることはないでしょうし二度とできないのではとも思います。

Posyの造形感覚は人体彫刻のごとくデリケートで、形は感性によるところが大きく非論理的です。デザインを作り上げる方法としてはとても感覚的で（工業デザインのプロセスにはない）再現性を意図していない一品物のデザインを作ったのです。それが結果的に多くの人の共感を生んだわけですから、人型ロボットのデザインというのは人の受け取る感情に直接フィットさせるデザイン方法が必要であること、そしてこの分野特有のデザイン法を深めていく必要もあるのだと思いました。

ですが、実に難しいデザインです。ロボットの機能を決定しそれに従った機構を設計し外装デザインはそれに従う、というような古典的ともいうべきやり方は人型ロボットには不向きな場合が多々あると分かってきました。それほどに印象が人の感情へと直接的に伝わってしまう分野なのです。

しかし「形態は機能に従う」という言葉における「機能」には通常考えられているよりももっと深い意味があるのだとも気が付きました。記憶の風景にある像とのつながりを想起させる造形には、物と人の記憶との間に軽やかな連続性を生むという機能が潜んでいるのです。

ＣＧでイメージを探る

最初に、PINOで私のデザインを３Ｄデータにしてくれた ＣＧデザイナーの星野裕之氏に90センチの子供のプロポーションをＣＧで再現してもらい、フラワーガールが着る白いドレスを着せて全体のイメージを作り始めました。PINOで技術的に最も難度の高かった二足歩行はさせずに安定した移動ができる車輪型とすることを考えていたので、外装を兼ねた衣装としてスカートで足の部分を覆うことにしていました。

全体の外観のシルエットで参考にした資料はファッション誌『ヴォーグ』のウエディング専門誌や同じく『ヴォーグ』の子供服の専門誌などで、フラワーガールの写真を集められるだけ集めました。

同時にルネサンス期の宗教画の天使の資料も集めました。しかし描かれた天使には３歳児の体型に近いものはなくもっと幼い子供の印象でしたが、フラワーガールというのは結婚式に現れた天使を表現しているのだと考えその役割をいくつかの資料から参考にしました。

しかし最初は顔は作らないで良いと指示を出しました。顔のデザインはPosyの外的なイメージが限定してしまうので最初は必要がないと考えていたのです。まずは全体のプロポーションを確かめながらドレスを着たイメージをＣＧ化して「３歳の子供の姿」を探るようにデザインをコツコツと始めました。

またSIGやPINOの顔のデザインは目に当たる部分に入っているＣＣＤ小型カメラの寸法などからバイザー型（ヘルメットと光を遮断するバイザーシールドが顔として一体化したデザイン）にしていましたが、Posyの顔はバイザー型にするとロボットの印象の方が強くなりフラワーガールの印象が薄れてしまうので、最初から２つの目を持った顔のデザインを考えていました（バイザー以外でもロボットの顔を表現してみたいという意欲があったのも確かです）。

顔と目に関しては、ミケランジェロのピエタ像のマリアやルーマニアの彫刻家、コンスタンティン・ブランクーシの「眠れるミューズ」などの目を瞑った印象の彫刻を参考にしました。

口はデザインしない

口のデザインは最初から無しにしました。フラワーガールは喋りません。口があると将来Posyがトークをするのかと勘違いされます。当時から音声合成技術を使った簡易な会話には違和感しか持っていませんでした。会話を理解していないとすぐにわかり白々しくなって、これはすぐに飽きられてしまうインターフェースであることは最初からわかっていました。

さらに言うならわざわざ人間の言葉を喋らせることもないと考えていました。R2-D2は人の言葉を話さずに自分の意思を他者へ伝えています。または人間側がロボットの伝えたいことを補完するとまた面白い関係が築けるのではないかとの期待もありました。また、喋り方でまったく意図をしない見え方になってしまうので、口は最初からデザインしないという選択をしました。

Posy の頭部デザイン

有機的なラインと幾何学とのバランスを取って

Posyは顔と頭部と首までを含めてすべてが生物的な有機的なラインで組み上がっています。しかしそれだけでは人間を模した人形のようなデザインになってしまいます。人の耳は最も複雑な形をしている器官なのですが、耳のデザインだけ正円を構成したデザインにして幾何学をこの耳の部分にだけ入れることで全体として見ると人工物らしさが表現されるのではないかと考えていました。

有機的なラインをメインに作りつつ、一部に幾何学を介入させることで人の形をしたロボットであることを表したわけです。また身体全体では肩の部分（身体と腕がつながる機構のカバー）は幾何学のデザインになっていて、真横から見ると耳と肩の部分に正円が見えます。

有機的なラインと幾何学のラインをバランス良く配置することで、人工物である人型ロボットのデザインの特徴を見せています。有機的なラインだけだと人に寄りすぎてしまい、幾何学だけだと工業製品のような印象に寄ってしまいます。その後の人型ロボットのデザインの参考になってほしい配置をPosyでは視覚的にもわかりやすく表しました。

ＣＧからリアルサイズでの造形へ

星野氏がＣＧでいくつかのモデルを作ってくれました。人型ロボットの第一印象はやはり顔、特に目のデザインで大きく決まってしまうので、なるべく全体的に和らいだ感じの無理のないデザインを模索しました。そして私と星野氏で何度もやり取りしてＣＧでモデリングしたものをいったん、リアルなサイズの造形として作ってみることにしました。

どれだけ造形制作を経験してもリアルサイズで模型を作らなければ寸法の把握はできません。そしてリアルサイズ模型は作った方が早く問題点に気がつくのでかなり効率が良い方法です。

ラジコンで動く台車を組み込んで、「90センチのPosyが全体としてどのような印象になるか？」そしてそれまでに「フォーヴ（私の造語で、〝動きと造形が一体化した美〟の意味）にどこまで可能性があるか？」ということなどを具体的に作って確認する必要がありました。誰もこの完成した姿を予想ができていなかったので、皆の認識を合わせるためにも立体にする必要があったのです。

造形はPINOが宇多田ヒカルさんのＰＶに出演した時に実物のPINOから撮影用のPINO

を作った株式会社サンク・アールの造形デザイナー、三木康次さんに相談しました。サンク・アール社は映画の特撮用の造形物や博物館のオブジェなど、あらゆる〝人が見たことのないもの〟を具体的に造形にできる技術を持った会社でした。

三木さんと造形スタッフは人の形の造形物も多く作っているのでCGだけでは掴みにくい、人のような（まさにヒューマノイドという意味ですが）シルエットをどう作り上げていくのか、相談しながら彼らの職人としての経験値に頼るしかありませんでした。早速造形チームにCGで作ったものを見ていただき、それを元に発泡スチロールを手作業で削り出してPosyの原型の形を作り始めました。

この三木さんたちとはPINOの時から不思議と波長が合い、コンセプトの意味をしっかりと伝えることでおおむねやりたいことを理解してくれました。〝波長の合う職人〟との出会いも重要で、それがある人とない人ではデザイナーとしての運命は違ったものになるでしょう（※3）。

スチロールで作るPosyの原型では腕は花束を持っているポーズに決めました。原型の仕上げには何度も現場で具体的な話をしながら作り上げていきました。たとえば、指は動かさないので指に力の入ってない自然な状態の子供の手の形にしましょうなど。

この原型から石膏型を作りＦＲＰ（強化プラスチック）を使い具体的に造形物を作っていきます。それに施す塗装は白をツヤのあるなしの２種類に分けて（顔の部分と頭部の部分を使い分けるなど）仕上げていきました。

そしてこの造形物の中に入る大きさのラジコン台車に乗せて、床をするすると動くか？などテストをすることにしました。そうして最初に出来上がったPosyの姿――もちろんまだまだ最初の造形段階でこれからデベロップする必要は多々あったのですが、全体の寸法については最初の設定の90センチで３歳の子供のシルエットという存在感は想定の範囲で大きくずれてはいないと思いました。

二毛作のような生活の中で

Posyはその後ＳＧＩ社のＵＳＡ本社に見せることになり実際に外形寸法を維持した機構設計をして、複数の動きを制御した機械として作り上げる段階になりました。その段階では自律型ロボットではなく、パソコンからコマンドで指令を出して、その通りに動く機械として設計しました（段階的にいずれ自律型ロボットへとしていく構想でした）。

足の部分はスカートの中で車輪を使ってスムーズに平行移動させることを優先させました。また、首の上下左右、肩、腕の関節の動きを作るメカの設計と制御の計画をしましたが、これは、機械工学やコンピュータサイエンスを専攻する学生３人に手伝ってもらいコツコツと作っていきました。

その頃はそれまでの2年間でロボカップやPINOなどを通じて若い研究者ともネットワークが作れていました。しかし開発費や人件費はほとんどなく、予算の管理や部品の発注などでは日本ＳＧＩ社を通じてマネージメントがあり助かりました。

開発チームとマネージメントチームが連係できたのは皆がコンセプトを共有しさらに外装デザインも実際に出来上がりつつあったことが大きかったのではと思います。ロボットを動かしてみたいと皆が思うことが現実に動かすことにつながっていくわけです。

私はその頃、自社をまだ法人組織化できていなかったので、労働時間外で参加する趣味のボランティア活動という位置付けの二毛作のような生活を送りながら、先端科学の研究所とゴリゴリとものを作る現場を行き来していました。

なぜそんなことを自然にやれていたかは、これ以上に精彩溢れる面白いものはこの世に無かったからでしょう。理論を実証させようとか、思想に基づいてとか、理屈で人と関わるのではなく、狂おしいまでの情熱を持った能動的な態度に人は集まり新しいものが生まれるのだと思っています（※4）。

チームを育む

積極的に他者と関わりながら何かを作り上げることは、個の役割を明確にしてそれぞれの責任でなすべきプロセスを具体的なものにしていきます。この時のPosy開発チームで私はなるべく経験値は少ないながらも技術はしっかりと身に着けて困難を突破できる可能性のある若い人たちと仕事をしたいと考えていて、天才の芽を育むこともPosyのプロジェクトならできると考えていました。

一人一人に対して物事の決めつけをせず管理をしない――これが私のチームの育み方です。若い人の優れた資質に素直にかけてみるのです。大学で若い学生たちと接している現在でもこれを確信として実践しています。

〝人に価値を押し付けることの愚かさ〟はもともと誰もが持っている才能にひたすら害を与えるだけです。また、チームは小さく作り個々の責任をそれぞれが理解したら思い切り仕事をしてもらえば良い。その時にリーダーはチームへの外圧を蹴散らし大事なことだけに集中してもらう環境を作ることを目指します。そして去る者は追わずです。

その頃のメンバーでは、基本の機構設計を担当していた五十嵐広希氏は金沢工大を出たエンジニアの卵だったのですが、その後ＳＧＩ社に入社してPosyのプロジェクトを給料をもらいながら続け、その後大学や企業の研究職でさまざまなロボットの設計に関わります。

最初のPosyの制御を担当していた慶應義塾大学理工学部の学生だった遠藤謙氏はその後ＭＩＴへと留学して博士号を取得し、現在はロボット技術を応用した義足のスタートアップを設立し注目を集めるエンジニアへと才能を大きく開花させています。

Posyの物語にさらなる深みをもたらす服のデザイン

２００１年８月、こうして、Posyのプロトタイプの骨組みが少しずつ形になり始めました。

動力源であるモーターや電気関係の工具などを安く購入しながら、手作りで原型を作っていきました。私のPCはSGI社初のPCであるVWSを使いました。

設計用のソフトは建築から機械の設計までの設計用CADソフトを開発・販売している世界的なソフトウエア会社であるオートデスク社に交渉。市販されたばかりの〝機械と外装を同時に設計できる〟アプリケーション「メカニカルデスクトップ」をテスト的に五十嵐氏が使わせていただきました。

当時、アップルジャパンの社長から移籍した志賀徹也社長にご挨拶の機会をいただき、私がオートデスク社のイベントで講演をするなどの話を詰めながら（契約ではなく）協力をしていただき、よき関係を築いていきました。外装の再設計はCGデザイナーの星野氏とサンク・アール社の三木氏と行い、機構設計と並行しながらモーターや制御基盤が入る大きさの腕のデザインなどすべてを見直して細かな骨格の設計からしていきました。

そしてPosyのデザインの特徴になる〝外装としてのロボットの服〟をある重要な機能としてデザインしました。フラワーガールを形として表現する際に服のシルエットはその印象に大きく影響します。また、服を服としてまさに身体を保護する（それこそ服飾の機能美）デザインが必要であると考えていました。

素材もスカートが風に舞うような柔らかな布地を外装として立体的に構成できないかと

考え、量産を前提としている工業デザインの硬さから離れ、柔らかさの表現を目指しました。

Posyの足の部分は台車となっているため、衣装でありかつ外装として台車を覆う機能を持つことになります。そして故障時や実験中にすぐに修理ができるように背中部分にファスナーをつけ着脱しやすくすれば機能的でそれは服の良さともなります。

実際に服を作るにあたっては当時文化服装学院の教授であった曽根美智恵先生に相談し、フランスの伝統的な立体裁断の技術で作っていただくことになりました（※5）。そこで服を作るためのボディを作り曽根先生のPosyの服のデザインが始まりました。

服の生地については曽根先生からメッシュ生地の提案がありました。実は台車部分にあるバッテリーが大きく重く熱を持つので、冷却ファンを取り付けようと検討をしましたが、メッシュにすれば通気が良くなると考え、ファンを付けなくても良いと判断しました。

この白いメッシュ生地はレフ板のように光を反射させるので、Posyの印象やPosyに近づく人の表情にも光を与えるのではないかと想像ができて、Posyを構成する物語に新たな深みが与えられたのでした。

メッシュ生地の服をまとったPosy

本当の服作りの技術によって私のイメージした通りの無垢でシンプルな衣装が作られました。スカートが内部の機械に触れぬようにスカートの裾に針金で作った大きなリングをつけることで、スカートの柔らかさを残したまま、形が崩れず、内部の加工との接触も避けられるようになりました。これはかなり画期的なことだったと思います。

システムを作って実際に動かしてみる

メカの部分も設計した部品を工場で加工してもらいそれを組み立てながら骨組みが見えてきました。動力源のモーターとそれを制御するお手製の基盤などと骨組みを合わせて全体の動きをデザインしていくなどして徐々にPosyの基本が作られていきました。

チームの熱量はとても大きくまた皆が新しいものを作ろうとする動機は十分でしたし、否定的な視点を持つ人が一人もいなかったのが幸いでした。作ることが決定していたら作ることだけに神経を注ぐことが大前提です。作る段階になったらネガティブな思考はチームの足を引っ張るだけで全体が前に進む効果を何も生みません。作ることに集中するために、作る前の「なぜ作るか?」を明晰にするプロセスがあるわけです。

最終的に顔のデザインは何度もやり直し、子供の頬のラインを星野氏が数度ＣＧでモデリングを繰り返し、それを三木氏たちがその頬の膨らみをスチロールを削りながらサーフェースとして作っていきました。

このラインがPosyの魅力を大きくしていますが、ここには何が正しいか正解はありません。結果的にこの顔のデザインと頭部のデザインは現在まで変えていないので、これ以上はやりようがないのだと思っています。Posyはその3年後に新たに機構を再設計するのですが、肩の角度を少々上げただけで外装は現在まで変更をしていません。

こうして機構設計から動力部の実験も進み家庭用ゲーム機のコントローラーを使って全体の動きをコントロールする仕様で徐々に首部、肩部、腕部、そして台車部分を総合的に制御して動かすシステムができてきました。

外装カバーや服も仕上がりいったんすべてをアセンブリし、ようやくPosyのプロトタイプが初めて動くところまでを皆で確認しました。エンジニアは細かな動きやシステムにバグがないかと心配をしていましたが、私はフラワーガールとして教会を歩く姿が想像できたので、これはいけると確信が持てました。

その後Posyは実際にフラワーガールとして、東京カテドラル聖マリア大聖堂で行われた星野氏の結婚式でその役割を担ったことがあります。世界でもロボットがフラワーガールとして教会を歩いた例はないと思いますが、その光景はPosyのコンセプトが産まれ、また私の人生においても大きな意味を持つ建築空間で、掴んだイメージを具体化できたことに、面白い人生になったものだと感慨も一入といったところでした。

Posyへのさまざまな企画依頼

Posyは完成前から「メディアファッション」に参加するなど、メディアとのつながりも多くその頃からさまざまな特別なプロジェクトが舞い込んできました。身体がまだできていない時に、私と一緒にＵＣＣ上島珈琲のテレビコマーシャルに出演した時は、苦労して作った首から上の部分だけを三木氏がラジコンで動かしました。

また、２００１年11月にはルイ・ヴィトンジャパン社から北海道の札幌の店舗の大型リニューアルを記念したイベントで（現在は日本を代表するバレリーナになられた）島添亮子さんとバレエを踊るという大役を担いました。「Posyと何かできないか？」というお話でしたが、私がバレエを踊らせたいと話を進めたのでした。

ルイ・ヴィトンのパリの本社までプレゼンテーションにも同行し（2001年9月11日のアメリカ同時多発テロ事件の日でしたが）実現となったこのプロジェクトは、なかなか壮大なものでした。バレリーナの選定からバレリーナとPosyの振り付け、音楽の選曲、衣装まで、いったんすべて私が引き受けましたが、どれも初めての経験でした。

まずは物語を作り、音楽をきめ、音楽を軸に「何分何秒の部分でこの動き」とすべてプログラム化して進行表を作り、Posyをラジコンで動かしながら、バレリーナの島添氏と稽古を行いました。服はルイ・ヴィトンのパリのアトリエで特別に仕立てていただき、「妖精」をテーマにしたイベントに合う衣装もゼロから作られました。

2002年4月にはフランスの老舗化粧品ブランドであるゲラン社の新製品の香水の日本でのキャンペーンに採用され、広報活動やイベント（バレリーナの下村由理恵氏と共演）でロボットとはいえない独自の存在感によって独特の活動領域を作り出していきました。

その度に技術的な進歩にもチャレンジをするなど「場が立場を作る」ようにPosyも進化をしていきました。その後もPosyはさまざまな企画依頼に参加してきましたが、ロボットというよりは「Posy」という存在を活かして活動をするようになったのも、コンセプトを具体化できていたからなのだと思います。

ソフィア・コッポラ監督の映画に出演

中でも印象的なのは、２００２年9月、映画監督のソフィア・コッポラ監督との出会いでした。9月1日東京・青山にあった私たちのスタジオの近所のコム・デ・ギャルソンの店舗に入って服を見ていたら、コッポラ氏とアシスタントの方が私に声をかけてきました。そして「今東京で映画の撮影をしているのですが、ある役のイメージにぴったりなので出演してくれないか？」といきなり交渉されました。

私はコッポラ監督とは気が付かず、「どんな映画ですか？」とか単純に興味本位で話が盛り上がっていたのですが、一緒にいた妻が「ソフィア・コッポラさん？」と尋ねたら「イエス」と答え、そうなのかと思いました。その時の「イエス」がとても自然で信頼できる人だと直感でわかりました。

ちなみにその役は〝足元がふらふらのロックミュージシャン〟の役でした。その時の私は徹夜が続き疲労ピークのひどい容姿だったのでスカウトされたのでしょう。

しかし役者というのはできない相談だなあ、と思って断りつつ「うちの娘は日本のチャイルドスターだけどどう？　そして人間ではないんだけど」と答えたら、「会ってみたい」となって、すぐにスタジオにスタッフの方々と見学にきてくれました。そして3日後には撮影になり、Posyの代わりに契約書にサインしました。

今ではハリウッドを代表する女優となったスカーレット・ヨハンソン氏とPosyのワンシーンを青山のギャラリーにて撮影しました。われわれのスタッフが裏からラジコンでPosyを動かしテスト撮影を何度か行いました。

当日はハリウッド映画の撮影とはこういうものなのかと好奇心でいろいろと観察していましたが、コッポラ監督の「オーケー、アクション」という掛け声（とても小さい声でそれもまた印象的でした）で関係者の集中力が一気に合わさり映画を作っているマジカルな現場というものの迫力を経験しました。

その映画は『ロスト・イン・トランスレーション』というコッポラ監督の代表作になり、公開直前の関係者が集まった試写会に招かれました。ちなみにPosyのシーンはマーケティングの観点から本筋とあまり関係がないということが会議で決定され本編には出てきませんでした。

しかし、これもまた偶然に試写会の前日、世界でも類のない密度で多くの人々が一度に行き交う渋谷のスクランブル交差点で、買い物途中のコッポラ監督とばったり会ってしまいました。

「ワーォ！　ごめんなさい、本編にはPosyが出演できなかったけど、ディレクターズカット版に入れるから」。立ち話もできないのでこれだけ聞いて別れました。そして後日、送られてきたDVDにディレクターズカットが入っていて、Posyはしっかりと出演していました。この出演が世界からPosyが注目を集める大きなきっかけにもなっていきます。

「個の爆走」から

こうしたことのすべてがつながっているようにも思えますが、偶然のつながりといえば偶然です。しかしこの偶然の積み重ねこそが固有の人生の時間を築いていることは間違いないでしょう。そして「その偶然になぜ巡り会うことができたのか？」とその背景について想い返してみれば「個としての爆走」がまず大きくあったからなのだと思います。

ものを作って人と関わり社会と関わりながら創造的な仕事として完結させていくその根

本に「爆走」があったから、人に発見され、また違う出会いの輪がまた新たな偶然へと結びついたのだといえます。

その「爆走」は時間をかけ経験値とともに「内面に向かう爆走」をも必然的に育み、個としての外と内の距離感を理解し始め、現実にものを作り出す人としての「核」が形成されます。そこで内と外の爆走への振れ幅が大きいことはものを作る深みも出会いも増していくのだと思います。

この頃からロボットという範疇でPosyを解説することがさほど意味をなさなくなりました。もう少し大きな視点に立って未来におけるロボットという存在を考えるとどうなるのか。未来が人と技術が関わる部分で何を「要《かなめ》」とするかでPosyはひとつのメッセージを発しているのだと思います。

「優しいロボット」のいる未来への期待は少なくともコロナ禍などの困難を乗り越えた先の姿《イメージ》であるべきで、人々がものを作る時の焦点をどこに当てるべきなのかと考えるときに、Posyを開発した私たちが大切にしたことが静かに時間をかけて伝わっていけば、そこでようやく未来へ貢献できたことになるのではないでしょうか。

第6章

Patin――ロボットを実現させる組織・事業デザインのダイナミズム

家庭用ロボットの開発へ

ロボットの研究を始めた時から目標のひとつにしていたのが「消費者市場を対象とした量産型ロボット」の開発です。それまでは科学の研究対象としてのロボットや特定の機能を持ったサービスロボットの開発に携わってきましたが、一般市場を対象にした製品としてのロボットこそ、未知の領域を拓く存在として惹かれていました。

ロボットと私たちとの生活の中での関係性はいまだ曖昧です。その中でどのようなロボットが消費者市場に送り出すものとして相応しいのか。そのあり方を創造するには、相当な集中力を持って構想を練らなければなりません。すでに見たことのあるようなロボットや形だけ〝ロボットっぽい〟動く人形ではなく、われわれの生活の中に〝新しい機能として〟入ってくる美しいロボットを創造すること。これは、やはりデザイナーとしての私を、新たな地平を見てみたいという衝動へと突き動かします。

技術が発明された後に社会の中で実際に活用されるようになるためには、デザイナーの力が必要です。

20世紀に車が量産され始めると、デザイナーたちが中心的な役割を担って車と密にかかわるライフスタイルが作り出されました。パーソナルコンピュータもスマートフォンも同様です。21世紀にロボットによる新たな産業が生まれる際にもデザイナーの存在が強く求められます。

そんなことを考えながら家庭用ロボット開発への構想は始まりました。２０１３年のことでした。

バウハウスの思想を受け継いで

科学と技術とデザインに、マーケティング的な思考と事業としての大義が加味されたロボットは、美しい製品となる確信が私にはありました。

私の工業デザインの原点はバウハウスの思想です。それは芸術と工芸の融合であり、考え抜かれた方法で生活の要素となるデザインを現代的材料と製作方法で作り出す。人と生活を第一に、合理的な方法で物事を解決していくデザイン論がそのベースにあります。

現代生活に必要な要素と現代技術の融合から自然に湧き立つ美しさがそこに確実に存在し、確かな未来を感じさせました。

バウハウスの思想は現代でもしっかりと受け継がれ、現代建築や家具はもちろんさまざまな企業の製品――コンピュータや車や情報デザインにも、その思想を垣間見ることができます。

そして人々が日々触れる量産された製品には製造・販売側の大きな責任も伴い、そこに緊張感が生まれ、また製品の品格も生まれます。

デンマークのオーディオブランド、Bang & Olufsen社の製品をデザインしたヤコブ・イェンセン氏やデビッド・ルイス氏のデザインには、機能美の品格があります。そこには、フォルムとインターフェースの美の結合を見ることができます。

そして大衆を視野に入れて製品の使い方から造形に至るまで、シンプルさと機能美を追求したブラウン社の製品は、バウハウスの思想を発展させた「Less, but better（より少なく、しかしより良く）」という方法論で消費者市場への美的価値を築きました。

ブラウン社のデザイン部門のディレクターであったディーター・ラムス氏の思想は、現代の最高峰の工業デザインチームであるアップル社のデザインオフィサーであったジョニー・アイブ氏に受け継がれています。

近年の車のデザインではアウディ社のＴＴやフォルクスワーゲン社のゴルフ（６代目）

などをデザインしたワルテル・デ・シルヴァ氏のデザインの美的な洗練のさせ方には天才的なものがあると思います。

彼のようなトップデザイナーになると製品だけではなく、製品類に一貫したデザイン原則を作ることも仕事になります。この総体がブランドのデザインとなるのです。そしてブランドは製品とサービスが一体となって個性を放ち、社会から認められ、ユーザーから選ばれることになるのです。

その時デザイナーは、ユーザーのブランド体験としての価値を総合的に創り上げなければなりません。最近では、ライカ社のカメラ、TL2のデザイナーの仕事が先端技術の配置と工芸的な作り込みを高次元で完成させています。

これらの美的な製品に共通する特徴として研ぎ澄まされた静かなるシンプルさがあります。その墨絵のような奥深い世界には、静けさに裏打ちされた、精神を潤し高揚させる力があります。

日々使う製品の美的な思想が、私たちの感性に大きな影響を与えます。私は、ロボットにおいても、バウハウスからつながるこの思想を受け継いでいくことで真に〝美しい製品としてのロボット〟というカテゴリーは確立することができると考え、この家庭用ロボットの製品化へと一歩踏み出したのです。

機能、用途からアイデアの種をつかむ

どのような製品を作るにも基本になるアイデアの種はたった一人の発想から生まれます。一人静かに図書館で本を読むように、創造力に形を与えていくのです。

私は、このアイデアの種ができるまでは人と会うことも避けます。音楽でいうなら工事現場では曲想が浮かばないのと同じで、努力ではなく集中力が必要となるのです。

新しい家庭用ロボットのアイデアについてはいろいろと思考を巡らせました。これまでの経験を元に、他の製品にはないロボット特有の魅力は、突き詰めていくと「自律的に動く」ことだと確信していました。

「家の中で自律的に動き回り、機能を発揮する形態とはどのようなものか?」。この形をイメージしようとしましたが、なかなかまとまりません。

空間を認識し動くことはできるものの、人とインタラクションをしながら「実際に何をさせるか」――この決定打となるものが、なかなか想像できなかったのです。動くスピー

カーや動く照明器具、動くロボットアームなど、思考が巡りました。

しばし立ち止まることにして、手元のスマートフォンを眺めていると、次世代の製品デザインは大きな転換期にきていることに気が付きました。スマートフォンの使い方はその複数の機能がアプリによって自在に変化します。ひとつの機能が使い方を決めるのではなく、アプリの数だけ用途が変わるのです。

20世紀の製品デザインは、機能のデザインといっても過言ではありません。何を形にするかは機能が決めていました。しかしスマートフォンは、アプリの使い勝手をよくするプラットフォームという思考によって製品がデザインされています。

この考え方をロボットに応用してみると、「自律的に動くロボット台車を作り、この台車にさまざまな機能を付けたり取り外しすることができれば、いろいろな機能のロボット化が可能になる」という発想につながりました。

こんなアイデアの種をつかみかけてから、現在のフラワー・ロボティクスの株主の２人と議論をしてみました。

製品にとって、使用用途は大きな存在意義となります。自ら環境を認識し、自分の位置を把握しながら自律的に動き、台車上部に乗った機能がタスクを実行する――。これが生活環境の中で無理なく、連続的に繰り返されることで、道具としてのこのロボットの立ち位置が芽生えてくるのです。

ユーザーとの自然な接点を意図しながら、理にかなったデザインを探すことで無駄のない製品の姿が浮かび上がります。

まだ完璧に用途を描ききれていませんでしたが、私がおもむろにホワイトボードにその絵を描くと株主の２人は大きな関心を寄せてくれ、製品化に向けた準備をしようということになったのです。

その日がPatinの現実化へと向けた最初の一歩になりました。

基本となる種が生まれたら、後はさまざまな専門家を少人数集めて大いに議論をして製品としての骨格を築いていきます。デザイナーはそこで工学的知見や社会学、経営・事業、人間工学、消費者心理学……などの多角的な視点を横断し、これらを結びつけながらプロジェクトに姿を与えていきます。

プロジェクトに命を吹き込む「名前」

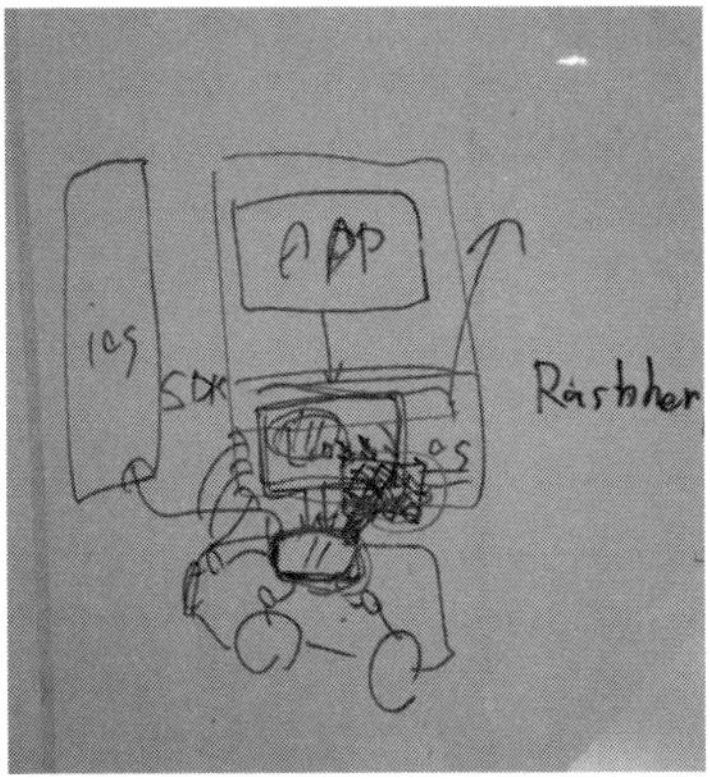

ホワイトボードに描いたPatin の概念図

私の仕事の仕方の特徴としては、すでに述べたように、基本構想の次には製品の性格を決める名前をつけることに専念します。

製品を完成させるためには、プロジェクト化して大勢の専門家と仕事をしていくことになりますが、この時に製品の特徴を表す名前が決まっていると、皆の意識がブレずに愛着を持ってプロジェクトに打ち込むことができるのです。

私は、このロボットを「Patin」と名付けました。フランス語でスケートの意味です。スケート……詩的な響きです。名前の考えを巡らして部屋の天井を眺めている時に頭に浮かびました。

私は考えがまとまらないと、天井を見続ける習性があります。天井は自分がいる部屋の大きさそのものですが、自分が感じている部屋の大きさより広く感じます。なぜなら、天井にはほとんど何もないからです。

静かに天井を見ていると思考が整理されます。この時、天井を自由に滑るロボットになったスケートシューズの映像が突然浮かびました。スケートシューズのロボットが、家庭のさまざまな家電を乗せてまた滑り出すのです。このイメージはこれから集まるさまざまなエンジニアに共通で持ってもらうイメージにぴったりです。

そしてスケートにまつわる言葉を探していくと、フランス語でスケートそのものを表す「Patin」という言葉に出会いました。これ以上きれいな名前はない。そう確信して、名前のロゴのデザインをすぐに始めました。

フラワー・ロボティクスの監査役に法律と弁理士の両方を担っている事務所の方がいます。この彼に相談すると、「ロゴのデザインをいち早く登録すれば商標も取れる」と教えてくれました。

ロゴは書体のヘルベチカをベースに組んで「i」の上部の点を「◉」にデザインしました。これはPatinがさまざまな機能アプリとドッキングする接合部のデザインの考えがあったからです。

そして、イメージに相応しいさまざまな種類の工業製品の資料を集め、スケートシューズも調べました。Patinの命ともいえるシステムをコンセプト化したダイアグラムを作り、ＣＧデザイナーと構成をイメージするためのＣＧ画像を作り始めました。

最初は一人の地道な調査と想像から発想が湧き、物事が始まります。そして、構想の発火点さえ見つかれば一気に大きな行動に移っていきます。その最初の充実感を知ってしまうと、この仕事はやめられなくなるのです。

「よし……命が与えられた」と気持ちが未来へと向かいました。

未経験を乗り越えるチーム作り

家庭用ロボットを開発するといっても、私にはその経験はなく一人では実現することができません。

これまでやってきたロボット開発とはまるで勝手が違うのです。そこでPatinの構想を実現できる科学者やエンジニアを集めることから始めました。

私はまったく別の、２タイプの技術者が必要だと感じていました。

まず一人は東京大学在学中にインターンシップで来てくれていた研究者に話をしまし

た。インターンシップ終了後に情報環学という学問分野で博士課程を修了していて、ロボット研究者同士で起業したばかりの技術者です。広くロボット工学における学術的な見識を持ちデザインの可能性を理解している人材です。

彼には実際の開発で、ロボット技術の「要《かなめ》」の部分である制御面で能力を発揮してもらい、科学という側面から重要な視座をもたらしてくれました。

もう一人は、現実的に販売する製品を作る厳しさを知っている、マネージメント能力のあるエンジニアです。その中でも機械設計ができる人材を希望していました。

いくらデザイナーと研究者だけでプロトタイプを作っても、結局製品にするにはまたゼロから機構設計を始めなければなりません。ですから、製品版を考慮して設計ができるエンジニアが必要でした。

この人材に関しては私がロボット開発を始めた頃に大変お世話になったエンジニアリング会社で技術者派遣会社でもある株式会社ソライズに相談しました。まずはこれまで開発した弊社のロボットなどを数名に見てもらいながらPatinの構想に興味のあるエンジニアがいそうか尋ねてみました。

規模だけ見れば小さな私の会社で「そんな壮大なプロジェクトができるのか?」と、普

Patin の初期のイメージ

通は誰しも思うものです。

しかし一人の若いエンジニアが手を上げてくれました。機械設計が専門で、これまで数社でエンジニアとして製品を世に出している経験もあった彼こそ、理想としていた人材でした。私は彼らと幾晩もPatinの理想を語り合いました。

サイエンスとエンジニアリングの両方で、若く可能性に充ちたタイプの人たちが集まり始めました。

私の構想を元に、この2人と機械・回路・制御の設計の試作を手探りでコツコツ作り始めました。初期のこの段階で大きな貢献をしてくれたエンジニアの小林大介さんと林まりかさんです。

またゲーム開発会社から数名のメンバーにPatinの初期の基本構想のディスカッションに参加いただきました。彼らのPatinへの深いコミットメントとゲーム開発ならではのインタラクションのデザインへの提案は新鮮でした。

デザイナーとエンジニアだけで議論をしていると作れる範囲を限定しがちになります。物を、質量と力学に応じたデザインで思考してしまうからです。それは地に足がついた設計方法なのですが、まだ市場のない製品を創り出す場合にはさまざまな視点で発想する人たちの意見を聞くことがより重要になります。

大胆な発想は、時に問題の本質に迫っている時もあるのです。取り替え可能な機能というアイデアにも、エンターテインメント性のあるアイデアがたくさん秘められていました。

そういう時に会議の中心にいる私は多くの意見を引き出すために聞き役に徹します。師である丹下健三先生から学んだリーダーの姿勢です。専門家たちの自由な意見をよく聞きながら方向性を分析しているのです。

スタート地点を共有する

しかし、メンバー間で共有する原則はあります。

ＳＦ映画に出てくる万能の人型ロボットの登場はまだまだ先の話。現実的にロボットは機械であり、機械の特性は人間の特性とは真逆という事実から想像を開始しなければなりません。

人の行動には目的があったりなかったり、定量化することができません。一方で、機械は与えられた目的の達成のために思想もなく与えられたプログラム範囲で運動をするのです。

人工知能に対しても、人のような創造性はなく、確率論的に推移して行動基準のベースとなるロジカルなシステムという位置付けをしています。その事実から想像を始めなければチームの議論が飛躍しすぎます。

これはロボットに関する私の固定観念ではなく、現時点で製品を開発するための基本思想だと捉えています。

この事実をベースに技術の限界範囲を把握し、家庭用ロボットで現実的に人と生活を共にするなら、

①家電の延長

②簡易的なコミュニケーション玩具

③コネクティッドホーム（スマートホーム）のオペレーター

この３つの範囲が実現可能であると予測しています。

そしてもうひとつ大事なポイントは、この構想に資金を出してくれた投資家（現在の弊社の株主の一人）の存在です。

事業を管理し運営していくことも、製品としてロボットを開発するならとても大切なことです。しかし、私には企業経営のセンスはまったくありません。

そこで彼には事業マネージメントの面でも多くの人材、特に経理業務や秘書業務などの新たなメンバーを紹介・配置していただきました。

また、その投資家の方を紹介してくれた友人経営者がいます。彼と彼のスタッフのさまざまなバックオフィスサポートがなければ、弊社は開発体制のある会社として成り立っていませんでした。

両人とその周りの方々にフラワー・ロボティクスの応援団になっていただき、Patinの基本準備が整いました。このような人々の出会いが私の裡に謙虚さを生み、仕事への自信にもつながっていきました。

そして仲間が集まり組織が走るために最も大切なことは、私のPatinという製品への絶対的な自信だと思っています。それがあって、社にはものづくりのとてもポジティブな空気が生まれたのです。

プロトタイプに外装を取り付けてみる

製品の思想と構想はしっかりとできてきたので、まずはその具体的な姿を簡易な構造で実際に作ってみることにしました。

Patin本体の無駄のない動きを実現するために、車輪にはオムニホイールを採用しました。これにより車輪本体の回転（前後の動き）と車輪の円周上の樽型ローラーの回転（左右の動き）との連動で多方向への動きが得られます。

オムニホイールでの動的特徴は、ロボット本体の中心から360度の回転が可能なことです。この特徴を生かし、平面的には（上から見ると）円形のデザインになりました。円形と車輪の配置が合わさった構造体が外形です。

それは、Patin本体、上部に載る機能（以後「サービスユニット」と命名）、そしてクラウドでつながり、円環を成して循環している特徴も表しています。

寸法は直径30センチで高さが20センチの円柱を基本ベースにしています。これはすでに販売されているロボット掃除機などの寸法を参考に人が手で持てる寸法を目指しました。まずはそのオムニホイールの車輪を専門会社に特注して作ってもらいました。

駆動源であるモーターをいろいろと比較考察しスイスのモーターメーカーから選んだモーターを取り寄せ、ようやく台車の元になる構造体を作り動かす実験を開始しました。

その間に私はPatinのプロトタイプのデザインをすすめ、機構設計と外装設計をCATIAという車や飛行機などの設計用ソフトで同時にデータ化し始めました。

CATIAを使えるデザイナーにチームに入ってもらい、少数の専門チームだけでまずは外装がついて動くプロトタイプを作りました。

外装はCATIAのデータから３Ｄプリンタで作ったのですが、それまでの15年で7種類のロボットの設計に関わっていたので、CATIAで３Ｄデータを作りながらおおよその存在感や仕上がった状態を想像することができていました。

ここで重要なことは、この外装を取り付けたPatinのプロトタイプに対して「家庭環境の中で動かしても違和感がない」と思えたことです。ロボットは単体の有能な機械として構想するのではなく、特定する環境の中の一部として機能を達成させる構想があるべきなのです。私がPatinに最初にしたデザインは、３Dデータになった時点で「住居の中の動く機能」の全体イメージに特段違和感はないとすぐに理解できたのです。

Posyの頃は何度も実物大の模型を作り「空間の中で動いた時に人が感じてしまう不自然な寸法や様子ではないか？」と、試行錯誤を繰り返しました。そうすることでロボットがある環境下で動いた時にそのスケール感が不自然ではないかどうかの感覚を自分の中に養い育んできたのです。

Patinの初期構想時の頃にはその感覚は十分培われていて、環境とロボットの関係性を現実的に想像しやすくなっていました。

資金と人材の確保に向けてプロモーション映像を作る

台車部分の機構も実機を組み立て始めました。

まずは外装をつけて動きを確認したいので、スマートフォンから遠隔操作ができるように回路を設計・製作し、台車部分の機構を内製で作り込んでいきました。

このプロトタイプを使って、リアルな生活の中でのPatinの使い方を示す映像制作に取り組むべきだと判断しました。なぜなら、このプロジェクトの初期の段階で、とにかく多くの方に構想自体へ関心と共感を持ってもらうことに意識を向けていたからです。

これからプロジェクトを本格的に進めるための資金調達や、志を共にする人材の確保に向けたひとつの意思表明としてのプロモーション映像を作り、世に問うてみようと思ったのです。

これは、スタートアップ企業が開発ステージをひとつ上げる目的で投資を広く募集するための映像コンテンツを作ってＳＮＳなどで発信する手法です。

クラウドファウンディングでも、スタートアップ企業は資金を集めるために製品の完成したイメージ映像を作り、多くの人に共感してもらえるようにします。それと一緒です。

そこで映像制作会社を探すことにしました。予算は１０００万円。

しかし、どこに頼めば良いのかまったく分からず、過去に知り合った映像制作会社複数社に相談をしながら試行錯誤していました。最終的に3社に案を出してもらい、実際に映像監督に絵コンテを作ってもらいました。その中から、私のロボットへの考え方と近い監督に出会えて、映像制作の準備に入りました。その映像案は、生活の中でPatinが普通に使われているものでした。

映像は、シナリオから絵コンテまでかなり時間をかけて映像監督と一緒に作り込みました。共演するモデルさんのオーディションにも立ち会い、服装・髪型、果てはかけるメガネも全部私が指定しました。映像製作で私が重要視したことは、なるべく印象を決定してしまうような色は用いないということでした。

社会のどの人たちの感度に向けるか、に意識を向けたのです。

撮影から音作りまで、できることはすべてやる

Patinは東京の生活に馴染んだロボットという設定です。

しかし、現代の東京の生活感を出しすぎると印象が固まりすぎるので、なるべくディテールを作らず、「白い空間」で「白い家具」がある「白い服をきた人」の生活を設定しました。東京というイメージは、日本人モデルの採用程度に抑えました。そのバランスは悪くないと考えました。

撮影では、プロトタイプのPatinをエンジニアが遠隔操作しながらモデルさんと共演させ、Patinが近い将来において日常の風景に溶け込んでいる映像を、時間をかけて数シー

ン撮りました。

「Patinを初めて世の中に理解してもらう重要な発信になる」との思いを皆が持って撮影現場には責任感と緊張感が満ちていて、「未来を、今ここで作っている」という興奮が現場のエネルギーに変わっていくのを感じました。高揚感に包まれた時間でもありました。

最後に、映像の背景に流れる音楽を決めるのには難航しました。

私がこれだと思うアンビエントミュージック（環境音楽）から3曲選び、それに近い音を作曲チームと作り込んでいきました。しかし、どうも生活感のないクールな音にしかなりません。Patinの新しさが持つ、生活が前に進む印象は生まれませんでした。

そこでベース音でリズムを作り、起承転結を感じさせるテンポでメリハリのある曲を構成してみると、ようやくうまくいきました（いまだに音のデザインは難しいですが、実に興味深く、感覚を構成する、まさにデザインの醍醐味そのものがあります）。

映像が完成すると、Patinの生活面でのイメージはよりはっきりとし、ミッションはより明快になりました。

そしてPatinのウェブサイトをデザインし公開したうえで、最初のプロジェクト発表会を、少数のジャーナリストを集めてオフィスに招いて行いました。

ここまで、すべて手作りでやれることはやりました。

結果、この発表会は日経新聞が大きく取り上げてくれたことで、この未知のロボット開発事業に人材を集める際の、大きな信頼につながりました。２０１４年９月のことでした。

人材を選ぶ際の決め手とチーム内のバランス

Patinの映像配信や記者発表会によってPatinというプロジェクトの構想は世のエンジニアたちにも広まり、完成のイメージをぐっとつかみやすくなっていました。

次のステージは、Patinの本格的な設計に入ることでした。それには機械・回路・制御のそれぞれの設計に、多くのエンジニアが必要になります。

さまざまに技術者の募集をかけると同時に、技術発表会などに足を運び、面白い技術を持っているベンチャー企業などと積極的にコミュニケーションを取ることもしました。Patinの設計チームや技術提携できる企業と関係を築くことができると考えたのです。

技術者の派遣会社からの紹介も多く、面接を繰り返しながら徐々に人が増えていきました。そのため、集まった技術者も背景が多種多様になりました。ポスドクからベテランエンジニア、舞台役者経験のあるプログラマーなどさまざまなタイプが集まりましたが、皆「新しいことをやってやる」という気骨は共通していました。

当時（2014年初頭）、ロボットや人工知能への社会的な期待が膨らみ、多くのメディアでロボットという文字を見ない日はないほどでした。社会的な機運も味方してくれて、よきタイミングで多くの人材が集まってきました。

私が技術者を選ぶ際には、「ある分野で長けたものを持ちながら、フレキシブルな考え方ができるかどうか」が決め手となります。「なんでも知っているけれどもなにも作れない人」は、最終的にはチームから必要とされなくなります。

そして重要なのは、チーム内の研究者と職人的な技術者とのバランスです。

世界の先端ロボット研究の知識ベースを持って開発を進められる研究者と、今すでにある技術の組み合わせで達成可能なことを実現してしまう技術者――まったく違うタイプの技術者ですが、この組み合わせこそが時に新しい発想を生みます。

エンジニアリング環境を作り「SEED」と命名

そしてまた、市場にまだない製品を作るチームに大切なことは、絞り込まれたヴィジョンを達成するためのエンジニアリング環境です。日々変わる技術の動向にさまざまな考えを受け入れる環境を作っておくことです。

そこでマネージメントチームとは別のエンジニアチーム用にスタジオを借り、そこで開

SEED 事務所内に置かれたPatin 試作品

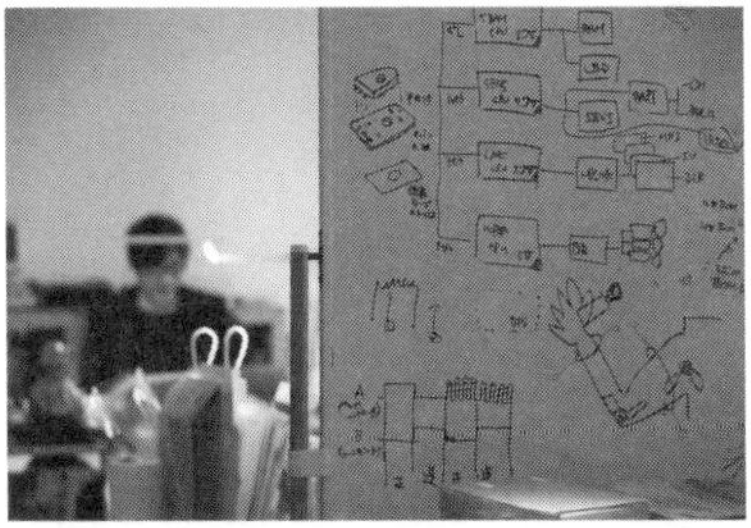
SEED にて。奥に座っているのが私

SEED でのディスカッション風景

発に集中できる場を作りました。

その開発室を「SEED」と命名しました。フラワー・ロボティクスの命《ロボット》の種を育てるチームの命名としてはぴったりです。SEEDのチーフサイエンティストには工学博士の吉海智晃氏が就き、多くの技術者に工学的な見地からPatinの開発指導をしてもらいました。また制御エンジニアの林まさし氏には、SEEDの室長として全体のマネージメントを頼みました。

この2人は、ロボットに対しても学者と技術者と違う立場で構想をします。そこに私の狙いはあります。これまでにない製品を開発する場合にはさまざまに異なるバックグラウンドを持った人たちの意見の議論と統合が必要なのです。

15名ほどが集まり、Patinと2種類のＳＵ（サービスユニット）の原理試作の開発を開始しました。Patinの最初の計画では、皆で議論し、技術的なスペックの目安を付けました。

通常はスペックがないとエンジニアは開発を開始することができません。しかしこれまでにないタイプの製品であるPatinのスペックを決められる人はいないため、むしろ開発をしながら変更可能を受け入れられるチームでいることが大切です。そして期日や運営限界などを見定め、現状考えられる最善のスペックを詰めていくことになります。

そこで、最初の試作品は217頁のような構成と仕様に決定しました。

Patinの発表会を東京ミッドタウンで開催

Patinの技術開発にかける時間は予想より長い時間がかかりました。

開発から3年が経った2018年時点では、認識系の技術開発に加えてハードウエアの設計についても多くの改良とトライアンドエラーの実装実験をしていました。さまざまな問題に対応して製品化へと向かっていました。

そして、技術開発が長く続く中、Patinと社会とのつながりを保つためにこれまでに複数の活動もしてきました。中でも2015年6月にPatinの事業構想を含む発表会を「フラワーフェア」と称して東京ミッドタウンのイベント会場を借りて大掛かりなかたちで開催できることになった時は、チームのモチベーションも緊張感もポジティブに前へと向かっていました。

当日の光景は忘れがたいものとなりました。

多くのメディアを招き、会社の説明、Patinのコンセプト、技術的な説明などを披露し、コンセプト段階ではありましたが、この画期的な家庭用ロボットを社会へと提言をすることに私も持てるエネルギーのすべてを注ぎました。

プレゼンテーション冒頭でデザイナー2氏をリスペクト

プレゼンテーションの冒頭、私が尊敬する工業デザイナーで、その年に亡くなられたヤコブ・イェンセン氏と榮久庵憲司氏に敬意を表明し、お二人の業績を讃えつつPatinの設計の思想はこれまでの伝統ある工業デザインの意思をも継いでいくことを宣言しました。

フラワー・ロボティクスを創業した時（２００1年9月4日）に最初に購入したのは、ヤコブ・イェンセン氏のデザインしたBang & Olufsen社のレシーバーアンプ「B&O BEOCENTER 9000」でした。

この製品は、私は今でも最も美しい工業製品のひとつと考えていますが、その静謐さ、そして音楽を聴くための機能がインターフェース化されたサーフェスへとまったく無駄のないデザインで完成させている点に大いに憧れ、刺激を受けました。

Patinの試作品の構成

Patinは　Patin本体、各種SU（サービスユニット）Patinピット（充電器）、Patinoire（クラウドのこと：スケートリンクという意味のPatinoireから命名）から構成。

Patin本体には自律移動や、障害物の発見、人の発見等のための各種センサとスピーカー、オムニホイールによる移動機能を搭載。

Patinピットは、Patin本体への充電機能と、Patin本体とWi-Fiで接続してクラウドとPatinとの間で通信をさせる機能とを装備。

Patinoireは、各Patinから集約した行動情報などを蓄積するとともに、Patinの機能更新のための情報発信などを行う。ユーザーはウェブブラウザからPatinの蓄積した情報を閲覧することができる。

PatinにはAndroid向けアプリの開発環境と親和性の高いSDKやシミュレータが備わっており、多くのソフトウェア開発者にとって開発への参加がしやすい環境を提供。

仕様・搭載物

寸法：縦:330mm ／横:342mm ／ 193mm
OS：Linux（本体、ピット）
開発フレームワーク：ROS
駆動系：オムニホイール、４輪駆動、DC
モーターバッテリー：リチウムイオン電池主
CPUボード：JetsonTK1（本体）
カメラ・センサー：深度カメラ、熱画像カメラ、単眼カメラ、落下防止センサー、バンパスイッチ、マイクロフォン、移動量センサー、障害物検出用センサー、赤外受発光、3.5インチディスプレイ、スピーカー外装素材：ガラス入りナイロン（粉末造形）
通信インターフェース：Wi-Fi（本体－ピット間）、Ethernet（ピット－クラウド間）、専用通信IF（サービスユニット－本体間）

この製品とスピーカー（B&O社のbeolab8000）がオフィスに着いた日から横において、毎日使ってそのデザインを貪欲に学びました。当時、製品はすでに日本にはなく、B&O社にアメリカの倉庫にある一台を船便で送ってもらい、到着したその日から私の身体の一部のようになりました（今でも大切に使用しています）。

そのことをヤコブ・イェンセン氏の遺族にお知らせし、プレゼンテーションで使う写真などの許可をいただきました。「Patinの成功を楽しみにしています」というご家族からのメッセージも添えました。また榮久庵憲司氏が創業した日本を代表するデザイン会社であるＧＫデザイン機構社にも温かいお言葉をいただきました。

私はＧＫ社とは浅からぬ縁があります。高校生の頃から出入りをさせていただいて、デザインを作るさまざまな工程について教わったこともあります。

１９８６年当時現場でＧＫ社でデザイン開発が行われていた２つのプロジェクトから教えていただきました。たとえば、キッコーマン社の焼酎のボトルのデザインとデザインリサーチ方法もそうですし、コスモ石油の新会社としての企業ブランディングとトータルデザインの開発もそうです。丁寧に教わり、１週間ほどレポートを書いていました。

榮久庵憲司氏は父方の親戚でもあり、高校生の時に父に連れられ生まれて初めて会った工業デザイナーというご縁もあったせいでしょう。私のロボットはすべて発表前にご意見をいただいていました。

会う時は堅苦しい話はなく良いところや欠点を指摘いただきました（必ずユーモアを交えて！）。生涯仏教徒として生きたデザイナーですが、合理的で客観性のある視点が工業デザインという分野を拓かれたのだと思います。

頭の良い方の判断というのはヴィジョンと現況のバランスの見分け方にあります。その点、見事に明晰であると思える方でした。そして人の前に立つ人が明るく快活であることの有効性も学びました。

建築家のレム・コールハース氏が榮久庵氏との対談で、彼の思考と対応力について「日本人離れした正直な答えを持つデザイナーだ」と言ったのは、ある意味その通りです。工業デザイナーは、量産という現実の中でファンタジーを生み出す一方で、神秘的でなおかつ具体的な解決案を出す……という相反する資質をひとつの職能として持ち合わせています。

しかし榮久庵氏にPatinを見ていただけなかったのは残念でした。

チームが一丸となってPatinを世界に伝えていく

発表会では次に、フラワー・ロボティクス社のヴィジョンでもある「ロボットを日常の風景にする」というミッションや、私たちが考えるロボットという概念——自律型ロボット＝環境を認識しながら自ら状況を認識／分析／推察して行動する機械——を人と機械の新たな関係を作る目的を持つ第三者として開発している、という点を説明しました。

そしてPatinそのもののコンセプトの説明や開発状況の映像や、SEEDチームの研究実験の説明とデモンストレーションに移りました。

SEEDチームも彼らのために作ったオリジナルの白衣を着て発表会場にいました。彼らの発表前の2週間のデモの準備は壮絶で、この仕事をしていれば必ず目にする開発現場の熱量は日々ヒートアップしていきました。

CTOの吉海氏からも、ロボット工学の先端技術の面からPatinの可能性や構造的にフレキシビリティな設計が施されていることを説明、Patinのサードパーティー候補になりうるスタートアップ企業などへのアピールもしっかりとできていました。

広報の村上美里氏が発表会全体の構成を行い、司会を務めるなどすべて自分たちで作り

Patin 発表会にて

上げ、私たちの規模の会社の発表会としては、全員が当事者となって相当量の仕事をやり切りました。

もちろんフラワー・ロボティクス社のロボットに関する久々の大きな発表会ということで各方面で話題となり、投資家の皆様や関係各社にはポジティブな活動の様子を伝えることができました。何より発表会は、組織が目的に対して一丸となれる機会であり、個々が主体の緊張感を持つ事象なのです。

結果的にニュースに大きく取り上げられ、Patinの認知度はこの日からさらに広まっていきました。

ロボカップなどの機会も最大限に活用

フラワー・ロボティクスは、２０１５年からロボカップのスポンサーとなりましたが（※１）、毎年違う国で開催されるロボカップの会場に私たちはブースを持ち、Patinの技術的な展示をしました。

ロボカップに集まる世界の数多くのロボット研究者との接点を持つことが目的でした。ロボカップの創設者の一人である、恩師の北野宏明先生の存在もあり、ロボカップの組織には親しい方たちが多くいることもありました。

ロボットに関する技術の進展は日々目覚ましく、私たちは世界の動向と一致して進んでいく必要があります。ロボカップでの研究者へのPatinの認知はとても重要な戦略でした。そして、ロボカップにデザインアワードを設立させてもらい、競技に参加するロボットの中から優秀なデザインを見つけ出し、授賞することになりました。

２０１６年1月、アメリカのコンシューマー・エレクトロニクス・ショー（ＣＥＳ）に出展することになりました。

ＣＥＳは毎年1月にラスベガスで開催される、世界最大級のコンシューマー・エレクト

さまざまな角度から見たPatin

照明器具を搭載したPatin

植栽を搭載したPatin

ロニクスの見本市です。ここにブースを設けて実際に動くPatinの展示を行いました。場所は最端テクノロジーを用いたプロダクトの集まるTech West Sands会場 Roboticsエリア。世界中のロボット企業が製品プロトタイプを発表していました。ロボットの技術的なトレンドはＣＥＳよりはアカデミックな学会の動向を注視しているので、ここでは製品になるためにどのような技術を応用しているかなどを調査しました。ロボットの製品化には多くの企業が参入を始めていましたが、決め手になるアプリケーションの発想は決して多くありませんでした。意外なことですが、やはりロボットの新しい使い方を示すのはどの企業でもなかなか難しいのが現状なのだと理解しました。

期間中、多くの来場者とコミュニケーションを取りながら、Patinの可能性について説明をしました。特にＳＵ（サービスユニット）に関して、さまざまな意見を聞くことができたのは大きな収穫でした。

私自身、世界のIoT製品の企業の取り組みや自動運転技術などの先端技術に触れることで、大きな刺激とアイデアを得ることもできました。Patinと相性の良いマーケットはIoT市場であり、IoTによって住宅の情報化が進むコネクティッドホームの市場は急速に拡がりを持つだろうこと。将来的には、そこにPatinが活用されるだろうということ。そうした青写真を描けたのです。

２０１６年４月から、東京都港区にあるTEPIA先端技術館にて１年間の常設展示を行いました。TEPIA（一般財団法人高度技術社会推進協会）は、機械、情報、バイオ等の先端技術動向を調査し、わかりやすく体験的な手法で情報発信することを目的とした団体です。そのTEPIA先端技術館では一般向けに展示事業を行っています。

TEPIAの展示内容を全面刷新する際に、Patinが「平成28年度に新たに注目すべき先端技術」として採択されたことがきっかけでした。

Patinは、使用シーンを想定した動態展示を行うテクノロジースタジオ内で、１年間の常設展示を行いました。まだ完成していないのに、です。そのPatinを１年間も動かす展示を行うことは、エンジニアたちにも多くの課題がありましたが、結果的に開発現場へのフィードバックとなり、さまざまな点でよい経験となったことは確かです。

Patinに限らず、先進的なコンセプトモデルは製品として完成するまでに社会に受け入れられる土壌を作っていかなければなりません。だからこそ、私は定期的に一般の人に見てもらえる機会を最大限活用してきました。

ロボットが社会に出て受け入れられるためには、開発と同じくらい、社会とのコミュニケーションを取ることも重要と考えています。このコミュニケーション事業は広報であり、私のマネージャーでもある村上美里氏とで地道に進めました。

ヴィトラ・デザインミュージアムほかの海外展に参加

そして4章でも触れたように、「世界最高峰のデザインミュージアム」といわれている、ドイツのヴィトラ・デザインミュージアムにて2017年2月より開催された、世界初の本格的なロボットデザイン展「Hello, Robot展」に招待され出展をしました。

これはPatinの開発をした中でも大きな節目になりました。Patinは私のロボットデザインとしては、最も洗練させた最先端のデザインでした。

ロボットという分野に限らず、IoTやAIの分野を横断しても、この「家庭用ロボット」のグランドデザインは、工業デザインの新しい分野としてロボットデザインを確立するものだという自負がありました。

そのことをどこよりも早く見抜いたのが、他ならぬこのデザインミュージアムのキュレーターだったアメリー・クライン氏でした。優れたキュレーターでありデザイン評論家でもある彼女によって、私は初めて自分のロボットのデザインを冷静に分析・評価していただき、自分の考えてきたことが正しかったのだと納得しました。

デザインが機能の具現化であること以上に、ヴィジョンや思想の体現化であるという考え方にも共鳴しました。この展覧会への参加は、この仕事を選んでようやく世界にも理解してくれる人がいるということの気づきになり、大きな励みになりました（※2）。

展覧会のサブタイトルに「Design between Human and Machine」とあるように、人と機械と間にいるインターフェースとしてのロボットデザインに注視したテーマで展覧会のプログラムが組まれた野心的な企画展でした。

ヨーロッパのデザイン潮流に大きな影響力を持ったヴィトラ・デザインミュージアムがロボットデザインを大きく扱った意義は大きく、人工知能やロボット工学が今後社会化されていくことを前提として人々の暮らしへ入っていくものは、デザインがより具体性を持ち、さらにはアトラクティブであるべき、と宣言がなされたのです。

彼らが3年をかけて世界中の優れたデザインのコンセプトを持つロボットを調査し、Patinも選ばれました。「スターウォーズ」のR2-D2も選出されていることから、実にユニークで面白い、とらわれない発想での選出基準があったのだと思います。

会場では、子どもの頃から私の心をとらえて離さないR2-D2（１９７７年の映画「スターウォーズ」第一作の撮影で使用されたもの）とPatinが出会うことになったのは、自分の過去と未来が邂逅したような、不思議な感覚を覚えました

展示空間はフランク・Ｏ・ゲーリー設計による現代建築の傑作の中であり、自分のこれまでの人生がひとつの空間に結実した感慨もありました。その後、「Hello, Robot展」はウィーンのオーストリア応用博物館、ベルギーのデザインミュージアム・ゲント、スペインのサン・セバスチャンにあるサン・テルモ美術館を巡回しています。

２０１８年のスイスのヴィンタートゥールでの展示に続き、２０１９年はポルトガルのリスボンの博物館maatにて大規模な展示も行われました。個人的にこのリスボンでの展示は大きく印象に残っています。リスボンの政治家や企業家、資産家が盛大に集まったオープニングでは、ロボットとリスボンの都市の未来が語られました。

１５４３年に日本にキリスト教と鉄砲を伝来させた地（この博物館は大航海時代にリスボンからアジアを目指して出発した船が通過した大海原を背にして建てられています）へとPatinを連れていったのは数世紀を経ての逆方向の文化的・技術的な伝来ともいえ、感慨深いものがありました。

フランク・ゲーリー設計のヴィトラ・デザインミュージアム

展覧会場にてアメリー・クライン氏と

展覧会場にて。右はR2-D2

2020年、建築家・隈研吾氏の設計によるスコットランドのデザインミュージアム、ヴィクトリア&アルバート・ミュージアム ダンディでの展覧会も成功し、2021年はコロナ禍にもかかわらず、スイスのビール市の新ビール/ビエンヌ博物館という先端デザインミュージアムにも巡回しました。

Patinは製品として完成する前にその概念自体は世界の工業デザインとロボット工学の世界では一定の評価があったと考えています。それはあくまでもうひとつの目的であった量産製品としての経済・事業という側面を捨象した純粋な概念評価としてでしたが……。

「スター・トレック」への出演依頼

また、このような活動から派生して、Patinに、2017年9月から始まった、アメリカの歴史的なSF作品「スター・トレック」の新テレビシリーズへの出演オファーが舞い込みました。

この作品の監督をする予定であったヴィンチェンゾ・ナタリ氏は、以前から私のロボットのデザインに関心を持ってくださっていてメールを通じて連絡がありました。

　ヴィンチェンゾ・ナタリ氏は同年代で私も関心を持っていたクリエイターで、彼の映画作品では『キューブ』（１９９７年）と『スプライス』（２００９年）に刺激を受けていました（※3）。

　ナタリ氏からメールが届いた当初、スタッフと「このメールは本当か？」と疑心暗鬼だったのですが、連絡をしてみると本人からのものであることがわかりました。すぐにオンラインミーティングを通じて、監督と細かなデザインのやりとりをしました。ＳＦということもあり、私も現実の制約から解き放たれたデザインを構想して楽しみました。「スター・トレック」に相応しいPatinの特別なＳＵを提案して大いに喜んでいただけましたが、その後、このシリーズの原案と演出担当だった脚本家のブライアン・フラー氏の降板と同時にナタリ監督も降板となり、Patinの出演は夢となりました。

　いずれは彼の映画の中で、現実から離れたさまざまなデザインをやってみたいと思っています。

世にないものを製品化する至難

Patinは、開発スタートから４年をかけて、構想していた〝環境を認識して自律的に動くこと〟が可能になりました。

しかし、なぜそれほどの時間がかかったのか？

それは私たちのチームの誰も、自律して移動する台車型ロボットを〝製品〟として開発した経験がなかった、というのが大きな原因でした。研究用のロボット開発については十分な経験を持つチームなのですが、製品となるとハードウエアとしての堅実な設計が求められるのです。

家庭用の掃除機ロボットなどはすでに製品として、簡単には故障せずに目的に添って動き続けています。この一見なんてことのないように思えることが、いかにハードルが高いかを思いしらされました。

ソフトウエアやシステム設計、センサーやＣＰＵのチョイスなどの諸々の苦労はここに書ききれませんが、やはり製品として動くものを作るには、一歩一歩複雑な問題に向きあって乗り越えて行くしか道が拓かれないのです。

時間がかかったのには外部とのプロジェクト開発の協力・信頼関係を築いていったことも関係があります。また、当然予算も天井知らずのはずがありません。限られた予算の中でどの開発を優先させるかを決めて行くことが実現のための一歩です。もちろん投資家や株主にご辛抱いただく場面も多くあります。

しかしエンジニアチームは、いつも辛抱強く開発を進めていきます。そしてハードウェアの信頼性が上がってきたのと同時に、認識系の技術も完成度が上がっていきました。

とはいえ、予想を上回る時間のかかり方でした。

動作精度が上がれば、家庭用の製品を出すために、次なる準備が必要になります。そのひとつとして、製品前のプロトタイプをいくつかの環境で使用する実証実験の場を設けました。ここからさまざまな問題を拾い上げて、製品版の開発にフィードバックしていきます。私たちはいくつかの大学や企業などでPatinのプロトタイプを利用してもらうことを計画しました。

のちに大学や企業向けに、実験がしやすく完成度の高いPatinを特別に開発しました。これは「Patin-DS」と製品名をつけて、家庭用Patinとは一線を画す戦略で実験用事業として運営を始めることにしました。

家庭用ロボットの事業では、さまざまなクレームも想定されます。この実証実験を繰り返しながら、ロボットの保険やメンテナンスのサービス方針などを弁護士や事業開発チームで作って行くことにしました（※4）。

資金調達という仕事

Patinはプロトタイプから製品用の開発へと向かい、総勢20名の開発スタッフが関わっていました。大きくなったチームに対して、複数の投資家にも株主になっていただき、資金を調達しながら会社を運営しつつ、財務面にも適任者が加わりました。

フラワー・ロボティクス社は2016年の時点で、創業15年をすぎていました。それまでの運営においては、SGI社やKDDI社などから開発の発注を受け、複数の協力企業とプロジェクト単位でチームを組むかたちで設計に取り組んでいました。

この場合、ロボット開発の資金運営は発注側がコントロールしてくれていて、私はコンセプトメイクとロボットデザイン、そして開発に専念できていました。またプロジェクトの顔として、各種メディアへの対応など関係者がポジティブなプロジェクトを築けるようさまざまな広報活動にも対応していました。

私はロボット以外にも多くのクライアントからデザインの仕事を受けていたので、ロボット会社として計画的に事業をマネージメントして会社運営をすることもしていませんでした。

しかし、ある疑問が湧いてきました。

「Patinはそれまで私が築いたロボットデザインのセオリーで一般市場で通用するのか？」

家庭用ロボットの産業そのものをデザインするという未知へのチャレンジには大いなる意義を感じていました。だからこそ、フラワー・ロボティクスのあり方も、変わる必要があるのでは……と思ったのです。それまでのようなクリエイティブスタジオ的運営から小規模ファブレスメーカー的運営に移行しようとさまざまなことを学び取り入れようとしていました。

それまでは、私個人の株式会社であった会社の株を売るという発想もありませんでした。しかし、事業が進んでいくにつれ、開発以外の多くの運営資金が必要になっていきました。そこで数名の方に株主になってもらい、開発をしながら販売予想などを立て、広報からマーケティング担当になった村上美里氏と事業計画を考えるようになりました。

実際の開発は思ったようには進まず、計画はつねに遅れている状態でした。資金調達をするために、私自身がさまざまな投資家やベンチャー・キャピタルなどにデモンストレーションをしてまわるようになりました。以前なら考えられない種類の仕事です。

これまでロボットの存在に期待されることや日本から新産業を築く意義など、理論的な話を講演や大学の講義などで話していました。

ですが、投資する側にその理をPatinで伝えても、ほぼ伝わりません。そこでデモンストレーションの方法を根底から見直すことになりました。Patinは未来の生活にとって魅力的な構想なのですが、投資の視点からすれば、まずは当然短期間でのリターンを期待されます。

「夢や構想が一番大事」なんてデモンストレーションの場では誰も言いません。

「事業の成功を信じて投資できる内容か？」「この社長はそれをやり切る人材なのか？」

――現実的な視点で、これらが冷静に試されます。

そして開発途中のPatinでは〝まだ投資の対象としては完成されていない〟と即判断されてしまうことがつねになっていました。CTOだった吉海氏のPatinの技術的な解説は説得力を持っていましたが、社長としての私からの事業説明は、投資家たちを前にして無力でした。

一番の問題はPatinの技術デモが、つねに投資家たちの期待から外れていたこと。

今までどこにもないロボットを販売する以上、計画という理屈を超える確信しかなかったのです。しかし、それは資金調達の交渉の場では通じぬ話で、「Patinによって社の株価が上がるかどうか？」という道筋で話をしていませんでした。

投資の世界についての理解がないままに、Patinへの確信だけで挑んでいたことがほぼ裏目に出てしまいました。

私の知人の金融出身者の人たちにアドバイスをもらいながらも、最後にはいいものを作るために頭を使うというよりも自社の株価をあげる計画の立案のほうに終始することになり、徐々に心のバランスを乱していきました。

国内での資金調達が難しいと判断し、株主から中国のベンチャー・キャピタルなども回ろうという話になりました。家庭用ロボットは掃除機ロボットとペット型ロボットぐらいしか市場にはなかったのですが、中国では大いに期待されている市場だという話を耳にし、私たちの会社にも中国の投資会社からの面談依頼が頻繁にきていました。

日本にオフィスを持つ中国の投資会社のいくつかと会いましたが、そのポジティブな姿勢には国の繁栄の勢いがそのまま伝わってきました。

しかし、結果としては資金調達にまでは至らなかったのが現実でした。そして、弊社株主のネットワークで中国本国の投資会社をいくつか紹介してもらうことになり（中国で会社を持つアメリカの投資会社もありました）、事業計画なども見直し準備をして中国に向かいました。また投資会社だけでなく、中国のロボット会社も数社回り、Patinを業務提携して事業化しないかと交渉しました。

事業の方向転換、そしてPatinのリ・デザイン

この時の経験は私に、大きな教訓を与えてくれました。この種の状況をきちんと理解せずに取っていた行動は、私にとっても会社にとってもまったく現実的でなく得策ではなかった、ということです。

経営にも事業にも開発にも、最も大切な倫理規範とは、目指す理想郷（ヴィジョンといってもいいですが）の共有であると私は思っています。私たちが開発するロボットが社会

に受け入れられ、20世紀にはなかったロボットが新しい日常の風景になるという理想郷……。

そしてどのような場合でも、私は会社の説明をする時には、優先すべきこの理想郷の説明をしています。

「経営者は事業をヴィジョンから示し、説明するのが当たり前」というのが、世界共通のコンセンサスだとさえ思っていました。しかし、投資会社を訪問する中、私のヴィジョンの説明は即座に遮られ、「実際のビジネスの話のみでいい」というスタートを切られることも少なくありませんでした。

この時、すでにここを耐えることにほとんど意味はないと判断していました。そんな時は、その場にいながら違う立場の自分に心の中で呼びかけてみます。こんなことをもし器用にやり続けるとしたら、たとえ私たちが私たちでいることができていたとしても、実は最も大切な〝詩的な資質〟は奪われてしまうのです。

この中国の投資家たちは投資によっていったい何を追いかけているのでしょう？　結局、お金を追い求めることに疲れ果て無常感に苛まれて隠遁生活でワイナリーを持つなどして静かな夢を見るようになるのかもしれません。

そこにまで至ってはじめて芸術の大切さがわかり文化というものが芽生えてくるのだともいえますが、その一方で、彼らを敵対視することも、よくよく考えてみると元々は自らが呼び込んだ運命といえないこともないのです。

それを認めた上で、理性を一貫させるためにインナーオペレーション（ロゴスを持ってパトスを飼い慣らす！）へと向かう――分断された自己の修復へといったん舵を切るわけです。現実と創造の間を保つ内的リアルはこうして強化されます。

投資家たちとのやりとりで、私は何もかもが違う世界に一瞬迷い込みました。彼らのいう〝国際的な投資法〟について複雑な説明を受けましたが、やはりどうにも胡散臭いという直感が湧くだけでした。加えて体調が絶不調となり（身体こそはロゴスも敵わぬほどに微笑ましいほど純でした）、帰国してすぐに病院に向かいそこで3日間の修復期間を必要とすることとなりました。

体調が落ち着いたのち、中国市場に詳しい投資会社の専門家数名に意見を求めました。このような場合、掛け値のない率直な意見を言い合える友の存在は大きいものです。

経営戦略や事業再生が専門でありながら、未来の社会に対する世界観を同じくする数少ない友、村瀬晶久氏が「松井さんの人生にとっていいことはないよ」と、求めていた言葉を素朴に答えてくれて安堵しました。

村瀬氏は京都大学経済学部卒業後、銀行で実経済を経験し、現在は企業で大きな事業をいくつも軌道に乗せている人物ですが、仕事を離れるとピアノを弾くような文化的な一面もあります。

最初に会ったのは、私がPollyをデザインしている時期でした。つねに聴いていたアルゼンチン出身の天才ピアニスト、マルタ・アルゲリッチの話で意気投合したことを覚えています。Patin開発以前から今なお、私の見果てぬ夢にいつも付き合ってくれている稀有な男もいるのです。

その後、事業継続を見直し、金型設計の手前で商品計画は一旦中止としました。

Patinは商品用からロボット開発者用のハードウエアとして、新たに「Patin-DS」としてリ・デザインする方向で開発スタッフを少数にしました。また他社の工業デザインやCI計画／ブランディングなどを請け負う、デザインファームとしてのフラワー・ロボティクスの事業を再開しました。

小さい組織のネットワークがこれからの世界を変えていく

私は事業としての基盤ができるまで、正社員はほぼ採らずに技術派遣会社や技術系スタートアップの面々でプロジェクト特別チームを組む方法をとっていました。それ以上の規模で運営的に開発はできないとなると、チームは縮小しやすい体制にしていました。

技術系のスタートアップでの経費は、設備投資より人件費がほとんどなのです。経営の浮き沈みが激しい時期の対応は、できるかぎりフレキシブルな組織が作れるようにすることが主になります。

それまでにも、プロジェクトの数に対して社員が多くなってしまったことで、経営が苦しくなるという状況を何度か経験していました。結果的には、スタッフの人生を左右させてしまうことにもなりました。

会社の運営には創業者や企業家それぞれに考え方があるでしょう。私は２００１年に起業した時から、日本の産業は大企業が主になるのではなく、小規模なスペシャルチームのネットワークが、時には大資本家としての大企業とも連携しながら産業界を活性化させ、社会の人々の生活を進化させていくと考えていました。

昭和の時代とおなじやり方では世界の中でとてもかなわない、だから日本はもっと優れた個性をすごく大事にしていかないと世界の中で勝ち目がないしこれからの日本はそういう戦い方しかできないということを理解したうえで、今はそのような立場から会社を運営しています。そのほうが、働く個人の発想も行動もフレキシブルになります。

生きていることが重荷を背負った労働のような企業人生の構造から脱皮し、それぞれが独立したフリーランス精神で生きている人たちがマジョリティになると、社会はまったく違ったものになるのではと予想しています。

事業の規模は大きくなっても、組織規模はなるべく小さくして、複数の健全な組織のネットワークで仕事をすることになると思います。

現代の高度情報化社会の複雑さから機能分化するコネクティッドソサエティは、個と個のつながりが（分散ロボットのようですが）自律／分散／協調を伸縮させ最適へと淘汰され、形成されていく社会科学なのです。

だから、個人の思想・価値観や幸せの基準をバランスよく整合性を持たせまた内的リアル化することがやる気となって、社会と確かなつながりを持つことへと導いてくれるのです。

それまでのPatinは、当初の事業計画からは達成できないことが多かったのですが、事業というものはまた違う形で始まることも多くあるのです。

今後の世界の産業構造を変える特許取得は、私たちのようなオリジナリティそのものにこだわる企業では重要な経営資質であり、戦略となり得ます。何かしらのオリジナルを特許として持っている企業の価値は、これから静かに、けれども大きく意味を持ち始めます。

「日本企業が今後も大量生産を目指し成長していく」という幻想の限界は始まっています。そうした幻想は捨ててこの「オリジナリティ」を武器にして世界の市場と関わっていくことに将来性はあるのだと思っています。

Patinでは重要な特許を6つ取得し、今後大きく活かすことになります。

第7章
次の世界をデザインするということ

起業の頃

２００１年９月に科学技術振興事業団から独立して会社を立ち上げました。研究で培ったことが実社会でどこまで通じるのか？　当時32歳の私はちょうど「大学を出て10年で独立」という学生時代の目標に達するタイミングでもありまた怖いものも特にありませんでした。しかし最終的に独立の決心がついたのは２００１年２月にＮＹのMoMAでPINOの展示をしている時でした。

これから創業すべき会社の名前を思いついたのです。それが「フラワー・ロボティクス株式会社」でした。その瞬間に（！）ＮＹから東京にメールをして「www.flower-robotics.com」というドメインを押さえたのが私の最初の仕事となりました。

私は小学校６年生の時にＮＨＫの「日曜美術館」という番組でMoMAを知りデザインというものに興味を持ちました。高校入試の面接では「将来はデザイナーになって作品をMoMAで展示」と言いました（かなり生意気なやつでした！）。しかも「その後にアンディ・ウォーホルから肖像画の依頼がくる予定！」と言い放つ始末——ちなみに高校３年の卒業間近にウォーホルが亡くなったことをテレビニュースで知り、人生で初めて自分の力

MoMA でのPINO の展示風景

ではどうにもならないことがあること、つまり挫折というものを知り、「夢は急がねば逃げていく」と強く思いました。まあ本気だったわけです。

それから17年後、実際にMoMAで展示することになり当時面接をしてくれた担任の先生に連絡を取るととても喜んでくれました（高校時代に東京カテドラル聖マリア大聖堂に連れて行ってくれたのもその先生でした）。

その意味でもMoMAは私にとって特別な場所でこの仕事をしていく上での仮想の檜舞台でもあったので、実際に展示を行った直後には次の目標を設定する必要を感じて、次のロボット（Posy）はMoMAではなくパリのオペラ座で踊らせようというヴィジョンも同時に構想しました。足るを知らぬ若さゆえの欲望というものでしょうか——いえいえ、ものを作る人間は、生きる＝作るに値する動機、そしてそれをドライブさせる動因を持たねばやはり燃え尽きてしまうものなのです。

当時、PINOのデザインをした時に感じていたロボットの「弱さ」とそこから発して行き着く「生命らしさ」とは何か？——Posyの構想をしながらこの〝何か〟に徐々に行き着いていきました。それは「ロボットは花のような存在である」という私の独自のロボット観でした。

丹下健三先生は取材でよく「あなたの最高傑作は何か？」と聞かれると「ネクスト・ワン」と答えていて、勝負師である建築家の姿勢そのもの、生き方がそうしたところにも見ていました。しかし不肖の弟子である私は自分の最高傑作はこの「フラワー・ロボティクス」という名前であり、思想そのものをまったく無理なく希望の持てる言葉にすることのできた希少な例だと思っています。

こういう発想は生涯に一度くらい訪れるもので、それは奇妙で最高度のインスピレーションだったのだろうと正直いまだにそう思います。「ファースト・ワン」は理想に燃えた若さも含め最高傑作であっても良いのではと思っています。

MoMAから東京に戻った２００１年２月、東京にアップルコンピュータ社のスティーブ・ジョブズ氏が来日していて、新しいiMacの発表をしていました。それが「iMac G3フラワーパワー」というまさに花柄になったiMacで、その映像を見ながら「フラワー」という響きの持つ魔力を認識しました。強力なスピード感で世界中の誰にもそのミッションが瞬時に伝わる破壊的魅力について客観的にしみじみと観察し、これはいけると確信したわけです。

その後、２００１年９月４日を目指しフラワー・ロボティクス社を立ち上げ法人化しました。最初のメンバーはPINOで関わった20代の若者たち３人。東京・南青山で資本金３０００万円を融資してくれたエンジニアリング会社の３階を間借りするかたちでのスタートでした。

しかし、８月末からオーストリアのリンツ市で開催されていたデジタルアートの祭典であるアルスエレクトロニカへのPosyの招待出展やパリへの出張などが重なり、10月に入って東京で会社としての運営が始まりました。最初は経理業務などはよくわかりませんでしたが、税理士の方のアドバイスをうけてスタッフでやってみるなど試行錯誤しながらのスタートでした。

そして最初の電話を取り付けたところで電話が鳴り、スタッフが「フラワー・ロボティクスでございます」と対応した時に〝ついに始まったな〟とゾクゾクしたものです。そして皆の最初の給料を払ったところで起業の実感が湧いたのでした。

パリでの出来事

設立してすぐにルイ・ヴィトンの日本法人からパリに招待されました。MoMAでの展示の様子がテレビ番組の「情熱大陸」で放送された後にルイ・ヴィトン社からすぐにアポイントの依頼があったのです。

21世紀が始まったタイミングでロボットは多くの可能性を秘めた新分野として注目されており、「伝統と革新」をヴィジョンに掲げていたルイ・ヴィトン社にこの分野への興味が湧いたのだと思います。

皆さんPINOを見に来て眼が輝いていました。そしてぜひ「パリに来て下さい」と連絡がありました。私の他にも数名、これから期待される日本の若いクリエイターが、本社が主催するルイ・ヴィトン社のイベントなどに招待されました。その様子をファッション関連のメディアがテレビ番組や雑誌の記事などにするというメディアツアーでした。

その世界はそれまでの日常では想像もつかなかった非日常の体験でした。実は飛行機のビジネスクラスというのもこの時に初めて乗りました。

しかし、イベントなどが一通り終わったその直後にＮＹの世界貿易センタービルでテロがありました。「次はパリにもテロが来る！」という噂も広まり、宿泊していたパリのホテルのロビーではテレビの前に集まった人たちが大きな声で泣いたり叫んだりしていて夢のような時間は一瞬で消滅、〝これからとんでもない社会に突入するぞ〟と感じました。

このタイミングで会社を作ってしまい前途多難かとパリでほぼ途方に暮れましたが、同行していた妻となぜか？（なんと？）中東料理を食べに行ったのでした。

6年後にできた設立趣意書とその後の行動

そんなことで始まったフラワー・ロボティクスでしたが、こちらの心配をよそに仕事は大小さまざまに動き始めました。

6年ほどロボット開発やさまざまなデザインに関わる仕事を懸命にしたところで、20

０７年に水戸芸術館で私自身の初めての大きな個展を開催しないかとある企画会社からお話をいただき、「是非やってみたいと」返事をしました。

展覧会というのは私にはつねに特別なもので、６歳から16歳まで絵画教室に通っていた頃から年に1回行われる展覧会に緊張感のピークを持っていきながらそこへと向けて努力するという下地がありました。作品を見てもらうことで成長し何ものかを吸収できることは創作を手がける人は知っているものです。

この個展の際には、ロボットを展示するだけではなく、「なぜ私はロボットを作るか？」という問いとともに、ロボットを作るとは「組織を作り、新産業を作り、共同体を作ること」というテーマをメインに掲げて展示空間を計画しました。

１８８５年、ドイツ人の技術者ゴットリープ・ダイムラーとカール・ベンツが車の発明によって自動車が産業化するための第一歩をしるしました。そして１９０３年にアメリカ人の起業家ヘンリー・フォードがフォード・モーター社を設立し〝大衆のためにクルマをつくる〟ことを志し自動車産業は世界をまったく違うものに変えます。それは単に自動車技術の進歩ということではなく、そこに関わる多くの人の生活を支える産業構造を発明したことになります。

1976年には（またもアメリカで！）スティーブ・ジョブズとスティーブ・ウォズニアックによるアップルコンピュータ社が創業（アップル社は存在そのものがスター性を持つというとても稀な例です）したことで、社会論でしか扱われていなかった情報化社会というものが産業化へ向けて一気に幅広く認知されコンピュータ産業は世界中に拡大しました。そして人々の生活は現在のコネクティッドソサエティへと大きく変貌を遂げました。

科学技術と産業を結びつける大きな発火点は発明を民主化できる人の「起業」であったことがよくわかり、すべてを具体的に結びつける「デザイン」は未来社会に大きな影響力を持つと歴史から読み解き次の社会へと「ロボット」を軸に組み立ててみたのです。

デンマークのBang & Olufsen社やイギリスのダイソン社など気になる自社開発企業の調査などもしましたが、時代をさかのぼって古代から現代につながる「共同体」を作ってきた人間の歴史を考察して組織という営みの意味を考える展覧会にしようと試みました。

ロボットを開発し販売するということは多くの関係者の専門的スキルを必要とします。それをこれまでの製造業のような社会的な関わりの中で広げていくのではなく、もっと新しいやり方があるはずだと考えています。

実際私が人型ロボットの研究の現場で驚いた科学や先端技術の研究は今の社会を土台に

したものではなく、もっと先の可能性に向かって進歩しているのです。設定条件を現在ではなく少し先の未来にして、今何が問題なのかということへの気付きを喚起する展覧会を目指しました。

具体的にはフラワー・ロボティクスという（架空の）会社がロボットを作ることで新産業を作り出している進化した未来社会の中で〝新たな共同体とはどのようなものであるのか？〟ということを投げかける展覧会にしました。

具体的には「ロボットと暮らすことが当たり前になった少し先の世界を想定して、その社会にあるロボット会社とはどんな運営をしていてどのように社会とつながっているかを仮想体験する」ものとしました。訪問する人たちは「未来のロボット会社に会社訪問する」ことになります。展覧会の会場は未来の世界にあるフラワー・ロボティクス社のオフィスだったのです。

この趣旨がわかりにくかったのか、ロボットだけを期待して観にきた人たちにはほとんど伝わらなかったのですが……。

展覧会場の入口にこの架空のロボット会社であるフラワー・ロボティクス社の設立趣意書を掲げ、会社訪問をする人（来館者）が最初にこれを目にするようにしました。

その設立趣意書は私の未来の社会への提言そのものであり、実際に私のこれまでの仕事はこの趣意書の意義を本物のフラワー・ロボティクス株式会社で実践しようと試みてきたのでした。

設立趣意書

「フラワー・ロボティクス」とはなんであるか。

「フラワー・ロボティクス」は私たちが提唱する「ロボットデザイン」を現実社会において実践する法人組織であり、理念を共有する共同体である。

まだまだ小さな零細企業であるが志はある。私たちは21世紀の生活構造に重要な影響を与えるであろう「ロボット」を軸に、社会を予測し推察している。

だからロボットを創造する背景にはいつも「人間」がいて「社会」があることを踏まえている。

そんな視点で21世紀にふさわしい情報化社会の新たなパートナーとして共に生活する人工物をデザインしている。

私たちが目指すロボットは、そこにある状況に自身のシステムで判断し、対応できる人工物である。

たとえば、ロボットが道を歩きながら予測できなかった5つの方向に出合った時、1地図を調べ、2最も近い道を選び、3行動する、という仕組みを自分の中に持っているということだ。

人と接する時も、自身のシステムでインタラクションし、人と関わることで新たな価値を提供する存在である。

そして経験を情報として捉え学習し、次の行動範囲のデータにする。それはどんな工業製品にもないロボット特有の魅力であり、機械ではなく目的を持つ第三者として接することができる。接するきっかけを自然に行うためには思想が印象に反映されていることがかなり重要なポイントになる。

人は感性に従い生きる方が自然である。ロボットが客観的な状況分析を行い人に関わることで、人間は主体性のある自分に出会う。

だからロボットは私たちが忘れかけている人間性を思い出させる。故に発見があり面白いのである。

そして忘れてならないのは「21世紀型産業」という視点。私たちは、ロボットは車やコンピュータのような産業になると確信している。いずれ車、携帯電話、ＰＣ、住宅にはロボットのシステムが組み込まれる。歴史的に科学技術の研究成果は産業を通じ人類に貢献してきた。私たちは「東京」を拠点に多くの分散化された専門家たちと知識と意識を共有し、現実的なロボットを開発する。多くの優れた才能が関わることでロボットは確実に産業へとシフトする。

フラワー・ロボティクス社は「人に愛される理由」を理解してロボットを開発し、多くの人と幸福を分配する新産業創出の一端を担うことに全能力を捧げている。

２００７年11月３日

松井龍哉

理想のあとさき

さて、実際の展覧会の準備は壮絶でした。展示物の製作には気合を入れて1年間の準備期間中に他の仕事は一切入れずにスタッフと集中しました。

２００７年11月から3カ月開催され、多くの関係者やロボットや芸術や技術の未来に興味を持った人たちが来館されました。

展覧会自体は私の構想が表現として伝わりにくかったようです。新産業構想と美術展示という異質な組み合わせも不可解だったと思いますが、展覧会というものは記録に残るという確信があります。ストラヴィンスキーの「春の祭典」の初演は散々であったという歴史を想い、また自らを戒めつつ、いずれロボットと社会の関係を切実に解いていく日が来る時にこの展覧会があったことに意味が出るとさらに先を読んでの行動をしたのです。

次に未来を築く人の一人にバトンが渡ればそれは意味があったことになります。この展覧会の10年後にドイツのヴィトラ・デザインミュージアムで開催された「Hello, Robot」展では私のロボットも評価されましたが、水戸芸術館での展覧会の趣旨も世界的なキュレーターたちに理解され評価いただき、ロボットを未来の社会への問題提起と解決法として扱っている点に賛同いただきました。

ヨーロッパではデザインが関わる社会的責任というテーマを掲げた展覧会には大きな関心が集まります。展覧会とは芸術作品を鑑賞体験する場ではなくこれからの社会の動向をしっかりと認識するために社会参加する場なのです。

1年間新しい仕事を入れなかったため、実際の会社の運営に（当然ながら）暗雲が立ち込めてきました。ところが展覧会を観に来て下さったＫＤＤＩ社のデザインプロジェクトのチームから新しいロボットの開発をしようとお誘いをいただき、以後2年間新しいロボットPolarisの開発にどっぷりと打ち込むことができました。

この展覧会で打ち出した「分散化した専門家たちとの開発」の方法論を現実的にPolarisで愚直に築いていったのです。今考えればすべて綱渡りの冒険だったのですが、起業とクリエイションを成り立たせるものは、実際に何かを自らの責任で作ることで（これがかなり大変なものなのですが）この世界のまだどこにもない可能性を（できる限りの美しい方法で）未来へ提案していくという圧倒的な面白さなのだと思います。

それから、ＫＤＤＩ社と2年弱をかけて新しいコンセプトのロボット＋スマートフォンPolarisのプロトタイプを開発し、２００９年9月9日に東京港区にあるデザインを核とした文化施設 21_21 DESIGN SIGHT で発表会が行われました。このＫＤＤＩのデザインプロジェクト（その頃にiidaと命名されました）では携帯電話の製造メーカーとデザイナーが組んで製品を開発するのですが、私たちだけは基本計画から機構設計、制御基盤開発、スマートフォンのインターフェースからすべての音声それに外装の設計から３Ｄプリントのすべてを才能のある少数精鋭のチームを集め自社開発しました。当日はアップル社のiPhone 3GSのアップデートモデルが発表になり翌日のニュースは完全にアップル社に話題がさらわれました。

広報計画までは調整できず、なかなか渋い経験をしたのです。そこまでの準備も含め集中して仕事に専念しましたがPolarisは販売には至りませんでした。やはり製品化のハードルは高いのです。市場も企業も新しさだけを求めているわけではありません。

それ以降、私はロボットの製品を開発するのはまた次のタイミングを待とうと、他に依頼を受けていた工業デザインの仕事や空間デザインのプロジェクトなどに集中することにしました。ただ、５年後にその21_21 DESIGN SIGHT の後ろに建つ建物に本社を移して家庭用ロボットPatinの開発が行われるとは思っていませんでしたが……。

命名という提案

　私は、ロボットに名前をつけてからプロジェクトを始めるように、会社に名前をつけて組織を作るように、自分のこれから始める職業についても誰も使ってなかった名前を用いました。

　名称自体は私が考えたものではないのですが、私が〝ロボットデザイナー〟という肩書きになったのは科学技術振興事業団の研究員時代の２０００年にユニクロのテレビＣＭと広告に起用された時でした。

　フランスのクリスタルブランド、バカラ社の当時のテタンジェ会長が来日した時に数名の日本で活動するクリエイターと会食をしたいと要望がありなぜか私も同席することになりました。私はたまたまその前の週にバカラ ジャパンのマーケティングチームと知り合ったのがきっかけで「松井さんって面白いかも！」となり、まったく無名の研究者であった私もその宴席に招かれることになったのです。

　その宴席で隣にいたのが、現在ユニクロを運営するファーストリテイリング社のグローバルクリエイティブを統括する世界的に著名なクリエイティブディレクターのジョン・

C・ジェイ氏でした。私が自分の仕事やロボットの未来などについてテタンジェ会長に説明している様子が面白かったようで、翌日に電話がありユニクロの広告に出演してほしいという依頼でした。

私は当時ユニクロというブランドをまったく知りませんでしたが、その広告はとてもよく考えられていて、ユニクロの服をこれから世の中の生活服として浸透させるというミッションを視覚化するために、さまざまな年齢のさまざまな職業の人が広告に登場し商品であるフリースを着て自分の仕事を説明するというものでした。

多くの年代のさまざまな職業の人が当たり前にフリースを着ている映像は「日本中の人が着ている服」という印象を持たせました。そしてその映像と広告にはフリースを着た人の職業と年齢が大きく文字として出ていました。

有名人もうまく取り入れており、フリースをきた松任谷由実さんは「ミュージシャン 46歳」と書かれた広告になりました。

私は最初「研究者 31歳」となるはずだったのですが、その撮影の時にボスである北野宏明氏から「松井君はこれからロボットデザインというまったく新しい分野を作るのだからロボットデザイナーという職業名の方がインパクトがあるのでは？」と意見をいただいたのです。

そしてその時にCMの演出をしていた演出家のテリー伊藤氏が「それいいねえ」という展開になったのです。「ロボットデザイナー 31歳」というテレビCMが全国で一気に流れまたユニクロの店舗ではポスターが貼られていて、これはもう受け入れるしかないということで、この職業自体が生まれることになったわけです。

ロボットデザイナーという仕事など実際にはどこにもなかったわけですが、この職業名が自分を作っていったのだと思います。

私は、ロボットをデザイン・開発する時はコンセプトからロボットの名前を作り全体デザインを作り資本を募りさまざまな技術者や研究者とそのコンセプトに相応しいエンジニアリングを作り込んでいくという方法を確立しました。

これはロボットに限らず、さまざまな分野で通じる設計方法となりました。本来デザイナーに課せられる職能のほとんどは問題の「効率的解決」ではなくプロジェクトへの「共感の設計」だと捉えています。社会の流れや技術の推移を分析しながら具体的な製品を想像する時に共感のメカニズムを織り込んで設計をしていくものです。

その時にまだプロジェクトに影も形もないのなら、まずは目的を見つけそこに命名をする方法を有効であると学ぶと良いと思います。命名は私たちの誰もが社会とつながるために最初に与えられた個の特性であり、そこから他者とは違う私という自覚を掴み始めるきっかけになるのです。

アーティスティックディレクター／芸術監督

私はロボット開発で有効だと経験したデザインマネージメントの方法をアーティスティックディレクションと命名しています。広告会社にクリエイティブディレクションやアートディレクションという職種がありますが、アーティスティックディレクションとはプロジェクトの方向性を自ら決め全体がエンドユーザーにとってどんな共感を作り上げるかのすべての責任をクリエイティブの立場から監督しアウトプットのクオリティを一定に整理する仕事です。

２０１３年6月に在日フランス大使館で当時パリのオペラ座の芸術監督であったバンジャマン・ミルピエ氏に会い自分の仕事を説明した時に「それはデザイナーというよりアーティスティックディレクター（芸術監督）の仕事のようだ」と言われました（※1）。

そして、芸術監督は舞台監督や振付師の仕事を超えてバレエカンパニーすべてのイメージから寄付の交渉までの責任をもちまた最終的に作品のクオリティを絶対的に守るという大きな責任があると。

これは私がロボットでやっていることとほぼ同じであると思いました。近年はファションデザインの世界でも、ファッションデザイナーで服をデザインするだけではなくブランドそのものをディレクションする立場のクリエイターをアーティスティックディレクターと呼んでいます。

私はロボット以外で依頼があるクライアントワークではアーティスティックディレクター／芸術監督という役割で契約しています。それは依頼されるデザインの仕事を工業デザインや空間デザインやＣＩデザインと区切ることなく全体を一定の価値で人格のような「格」を作りトータルでデザインの仕事をするということです。

まだ馴染みのない職種ですが、私の後からロボットデザイナーと名乗る人が増えてきたように、これからアーティスティックディレクターでもまた社会を革新させる美の変革者として活動する人が増えてくると思います。

今後は企業のあり方の変化に伴って仕事のやり方も変わりますがそれは当然です。たとえば私が起業した２００１年から見ればもう社会はまったく違うものになったという印象を持っています。

iPhoneの存在ひとつとってもそれが無かった時代とはもはやコミュニケーションの方法がすっかり変わってしまいました。そしてこれから先にも生活を一変する破壊的なテクノロジーが市場に現れることになるでしょう。

社会を予想するのには理性を使うしかありませんが、社会を実際に動かしているのは人の感情によるところが大きい。それに私たちが近年経験している自然災害は理性など吹っ飛ばして襲いかかってきます。安定の予想は希望であって、誰もが前進をしていかなければならない毎日の行方は誰にも予想することができません。

私が起業した年のＮＹの世界貿易センタービルのテロやその後のリーマンショック、また東日本大震災から２０２０年に始まった新型コロナウイルス感染症……、これからもわれわれの予想を超えたことが起こるのでしょうが、これまでがそうであったように、つねに問題と向かい合って進むことしか術はないのです。

その〝前に進む力〟は「美」を希望の象徴と見ることが可能な人が持つ能力なのです。カオスに輪郭を与えられる人とは美の存在を実証できる人なのです。

私が関わってきた製造業を中心とする産業界の構造は大きく変貌すると思います。その背骨になっていた資本主義経済は実体を持たず誰にも掴めない「龍」のようなものです。この龍は時々暴れ出し社会のそれまでの価値観に大きく揺さぶりをかけます。今もこれからもその変化はつねに変わらず安定的な成長というものはないのです。

文明は１００年から３００年という長い年月をかけて新たな様式を築いていきます。経済もイデオロギーもまた文化を築く要因としてともに進むわけです。しかしあまりに目に余る〝美を欠いた〟野心が横行すると社会は大きく傾く歴史を誰もが知っています。「美」に人間の進むべき価値を見出せる芸術監督という仕事は、混沌とした時代を次へ進ませるために「美を基準にしたルールを作る」仕事になるのだと思います。これからの企業やプロジェクトには芸術監督の存在が不可欠になるはずですが、もっと金融や医療やＮＰＯやさらに国家にも芸術監督の存在が必要になるのではないかと思います。

動かないロボット――美術家へ

ロボットデザインを通じてアーティスティックディレクターという仕事を多くのプロジ

ェクトを通じて開拓してきましたが、その先にある到達点を自分自身よくわかっています。

その到達点とは「美術家」で、これは子供の頃からの憧れであり将来の自分の幻影でもありました。

ロボットの開発でも航空会社のアーティスティックディレクションでも、そのプロジェクトの基本理念を根本から探り、それを人が認識し理解するデザインに作り込んで、具体的で独自の「形」を作り出してきました。

発想の仕方と作る方法が時間とともに身体化している自分がいます。正解はないのですが方法は着実に積み重ねることで確立してきました。しかしその先の自分が歩むべき道は最初から知っています。何を創るかは徐々に解放をして、Posyのもっと根本にある普遍的な純粋な形を追い求めることが到達すべき場所ということを。

私は学生時代から自分の限りある人生の時間についての観念を持っていました。死生観ではなく、他者や社会と関わる中で自己を殺さずに進むために自らの行く末を時間で捉えたブループリントがありました。

目の前の社会や人との関係とは別の内的な時間を軸にしたインナーリアル。場所や立場

アーティスティックディレクションを行ったスターフライヤーの機体の前でたたずむPosy。機体と合わせて黒の服をまとっている

が変わっても時間はクリアな尺度として変わらぬフェアな道標でした。

20代は貪欲に芸術とデザインを研鑽し、その結果として30歳ごろに起業し身につけた職能としてのデザインで能動的に社会参加をして、60歳ぐらいから自分のために芸術活動に専念し美術家として最後まで何かを作り続ける人生でありたい、と考えていたのです。つねに激しい世の変動をそれはそれとしてその都度理解し承知をして、その上で（漠としたイメージでしかないのですが）この時間を目安にして積極的に生きるという方法です。

axleでの制作

２０１９年よりトヨタグループの東和不動産株式会社が開発・運営するシェアオフィスとコワーキングスペースの施設「axle（アクスル）」にアーティスティックディレクターとして参加をしました。

東京都千代田区にあった１９６６年築の建築物でトヨタ自動車の社宅として使われていましたが、東和不動産が買い取り新しい空間としてリノベーションし主にスタートアップ企業のインキュベーション施設として計画された施設です。私は施設のブランディングを担当しロゴデザインからＣＩ計画と空間デザインのディレクションを担当するアーティスティックディレクターとして仕事を任されました。

　現場で工事が進む中、建物のエントランスに屋上からの光が入る吹き抜け空間があり、その部分の使い方が決定されていませんでした。会議中にリノベーションを担当していた建築家の馬場正尊氏から「松井さんがここに作品を作られてもいいのでは?」という話が出て「ではaxleブランドを象徴するオブジェを作ってみましょうか」とつい引き受けてしまいました。しかし空間のデザインではなく空間を象徴する彫刻を作るというのはこれまで経験がなく、どうしたものかと引き受けた後に考えていました。

　結果的にこのきっかけは私の中でこれまでの仕事の仕方を極めていく出発点として動き始めることになりました。

　しかしさてどうするか?　その直後にパリへ出張がありました。私はパリに行くと毎回、建築家のル・コルビュジエが41歳で設計し１９３１年に竣工した革命的住宅建築である世界遺産のサヴォワ邸に向かいます。その日もサヴォワ邸に見学に行き独特の空間に自ら没入することでやはり「創ること」の背中を押されることになるわけです。

　サヴォワ邸の螺旋階段を降りながらその包まれた感触が何かを連想させました。階段を包む壁を触り手の感触から何かを感じました。そして階段を降りた途端に螺旋階段の形と色から「卵」の造形が頭に浮かび……、もう離れませんでした。

純度の高い普遍性を捉えたのです。卵をモチーフに施設の意味を発信する彫刻を作ればこれは成り立つと思い、その日から帰国するまで卵の彫刻をどう作るのか頭の中で造形制作が始まりました。

ロボットのゼロからの開発と同様、私は完全に理解できる形が頭の中に浮かぶまでスケッチはしません。しかし作るべき対象を捉えた時には絵を描くことで自分の目で内面を深く認識します。絵を描くことはものを作る以前にある本能ですが、最初に自分の中に持つものは思想や幻想の文脈化であって絵はそれを確かめる身体的な手段としています。

しかし絵を描けないと自分の身体を通した作品にはどうにもなりづらい。作る対象が何かを自らに問う時間が手に伝わります。しかし芸術家が時々言う「手が勝手に描いた」という幻想は私は持っていません。まだ見ぬロボットの想像をしている時と同じで、想像をするとは、理と閃きの間を深く探りあるべき姿を発見しようとする脳の作用のメカニズムです。

人とは会わず静かに集中して形が閃くまで「探し続ける↑↓待つ」の繰り返しです。こうして生まれた作品はこれまでロボットの開発前に想像をするプロセスから身に付いた副産物のようなものなのだと思います。

ロボットを開発するために蓄積しなければならない壮大な情報量を緻密に組み立ててから、いったんすべてを無にして最後に残った林檎の芯のようなものが作りたい対象の本質です。そこからすると私の現代美術の芯は「動かないロボット」なのかもしれません。

axleのための彫刻があるべき形はすぐに捕まえました。モノリスのような黒い大理石から45度に白い卵が連なっている彫刻の形です。

この施設の名前の「axle」とは車の両車輪をつなぐ一本の軸のことで、施設の運営目的

axle のロゴもデザインした

ル・コルビュジエ「サヴォワ邸」の螺旋階段

はこれからスタートアップが集まり新たな産業を産み出すインキュベーション施設の運営です。

インキュベーションは孵化という意味であり、スタートアップを卵に例えその連なりが軸となって45度に上昇し新たな産業を築く施設を象徴する形が頭の中に浮かびました。あとは作品を置くべき空間から寸法を決定し、どう組み立てるかを設計し、素材を決めれば良いのです。それをaxleの現場で施工をしている会社と相談して、内装の一環として作りました。

作品タイトルは「œuf 45°」です。œuf（ウフ）はフランス語で卵です。フランスのソウルフードで「ウフ・マヨネーズ」という茹で卵にマヨネーズをつけるだけのシンプルな料理があります。茹でた卵（シンプルの象徴）に別のものをつけるとまったく違うものに変化するのです。

この発想で「卵」を作品の基本モチーフにして、状況に応じたテーマでまったく違う卵に変えてしまうというメソッドが出来上がりました。

「œuf 45°」は彫刻を2作品と絵画を7作品制作しました。またaxleの基本構成の中には、１００年前に新しい時代を作る技術や考え方を持つ人々がデザインによって新たな産

「œuf 45°」の彫刻

axle の「ラウンジ・ミース」の壁に掛けられた「œuf 45°」の絵画

業を築いた「バウハウス」をロールモデルに、次の100年を築くスタートアップの集まりをターゲットにした、他のシェアオフィスにはない環境の物語があります。それにより、バウハウス時代の家具と一緒にこの彫刻や絵画もバウハウスの思想を継いだ抽象的な作品のアウトプットとしました。

axleは、竣工間近の2020年4月7日に新型コロナウイルス感染症が日本にも広まり始め当時の安倍首相より（背筋の凍る響きを感じた）「緊急事態宣言」の発令となり、さまざまな見直しが迫られました。しかし歴史にも残るであろうこの期間中（この間、もちろんパンデミックという状況に突然身体ごと関わっていく事実に誰もが理解も心の整理もつかず感染による断末摩世界の不安だけが肥大しその見えない知覚に苛まれていたわけですが）、卵の彫刻を組み立て設置し、すべての階に設置する絵画をaxleの現場で4月17日までに描きました。その日に完成させた作品には緊急事態宣言によって構想以外の意味が発生しました。それは作品であると同時に記録という媒質にもなったのです。

そして、さまざまなスタートアップが集まるこの施設で施設の意味を抽象的に表現した現代美術をエントランスや各階の階段踊り場という人々の流れが交差する空間に無事に展示できたことで、そこを通過して見る人たちがこの施設のメッセージを受け取る装置とし

axle の吹き抜け空間に置かれた「œuf 45°」の彫刻

て機能することにまた変貌していきます。

私の現代美術作品の一作目はこの施設に飾られることになったわけです。そして私は２０２０年４月から自らのアトリエをこのaxleの中に開設しました。新型コロナウイルス感染症によるこれまでとは異質な生活の始まりと時を連ねこのアトリエに通い始めたのです。

そして未来から見ればまさにこの時から歴史的に社会が大きく変貌する日々に、この施設の中で〝作品を通じ私が意図したことが正しかったか？〟を身体を通して吸収しています。美術家としての素養をこうした日々の時間の過ごし方で蓄積させながら自己研鑽を始めたのです。

以後この普遍的で純度の高い愛の形を抽象化した「卵」をモチーフに私の現代美術のさまざまな作品制作が始まりました。

流れ続ける社会とデザイン

デザイナーとアーティストとは（理屈の上では）違う種類と思い込んでいましたが、実際に現代美術の制作をしながら本質は同じなのだという実感を持つに至っています。

さらにいうならば「科学と芸術」や「デザインと技術」も本質的には同じで、特に具体的に作るという行為においては大まかに言って分野を分けることに意味はないのだとさえ思います。

３００万年以上前の初期の人類はすでに道具を使っていたという研究があります。その頃から現在まで人は何かを想像し何かを作り出すことをやめたことはないわけです。

その頃、道具を使って私たちの現在への進歩を促した人は芸術家と科学者とデザイナーとエンジニアの要素をすべて持ち合わせていたのですが、自らがそれを意図的にやっているわけではありませんでした。しかし（乱暴にいうなら）それぐらいのことなのです。

デザインやエンジニアリングは、近代になって特に科学技術と経済が互いの領域を活用しあった近代資本主義の社会構造の中で細分化が進んだために、一気に違う職能として断絶していったわけです。そこからデザインは学術ともあいなり複雑な作る仕組みを定量化することも可能にしました。

さらにデザインは「デザインという概念」から社会の問題解決の「方法論」として分析や統合というシステム工学的領域での扱いも可能になり実証的な理論として社会活用され

ています。デザインはあらゆる工学との相性がよく、社会科学や心理学の領域においてもデザインの言語が相互理解にも有効に働くでしょう。

しかしこれはつねに動きのある社会の中で当然出てくる「歪み」に対して「デザイン」でどう修正していくかという問題意識の現れです。ですが社会における問題意識とは多数の多様がつねにあり、世につれ人につれ大義を変えては現れる「流行」とも捉えられるのです。

流行に対しては、認知されたところでまた姿を変えて現れる「社会劇場」のコンテンツという視点だけでなく脇から眺めてみる「個」としての視点を持つべきなのです。その「視点」は社会と個人の心理的距離そのもので、その距離との伸縮と反発は自らのユニークな思想を冗長化させることになります。つまり倒れそうで倒れない「個」を作り社会の変動にも優れた適応力で対応し生き抜いていくのです。

一般的にデザイナーの能力はレイアウトに表れています。それは学ぶことで誰にでも身に付くものです。

明らかな誤解は理論的な構成がデザインだと思うことで、これはデザインを相当につまらないものにして肝心な魅力を手放してしまいます。

「着心地の良さ」や「居心地の良さ」という表現にある「心地」とはデザインが身体的な作用と深く関係している所以であり身体はいつも理論に先立つ知の本質なのです。

そしてやはり、デザイナーとは絵を描けることがまず本質的な能力であることが見直されると、人の美しさへの態度は感情の側にあることに自然に気がつくことになります。

普遍の美を抽象によって捉える

「知識が増えれば増えるほど私たちに必要なものは優しさや思いやりです」――チャップリン『チャップリンの独裁者』での演説

「〝美しい〟とはなんですか？」と聞かれると「早朝の誰もいない湖に降り立った白鳥」と答えています。

誰もがそこで瞬時に宇宙を背景にした地球の重力／動力を捉え、物理学や生物学の真理が露わになった景観の中で、全体を包む営みはバランスの賜物であると悟るのです。

私は、誰もが原始から持つバランスの悟りに「美しい」という感覚が横たわっていると思うとすべてが腑に落ちます。

これまでロボットを開発する時も先端技術の流行を横に見ながら普遍的なコンセプトを探りデザインでどこまで抽象化できるかと毎回模索しながら具現化してきました。

Posyは２００１年の開発で、その技術的なスペックは時代とともにオーバーホールしながらもデザインは変わっていません。そして２０２１年の現在までの20年間、プロジェクトが無かった年は一度もありません。

最新技術や新しさのみの話題で扱われる人型ロボットやサービスロボットが多く作られてきた中で、この20年間さまざまなクライアントからのプロジェクトが途切れなかったことはデザインで示した普遍性があってのことと時間とともに思えるようになりました。

その普遍性とはなんであるのか。

20年ほど考えていたのですが、ようやく、それは、「優しさの抽象化」であったことが推量できるまでになりました。

一方、現代芸術の表現もこの１００年の間で大きな進化を重ね、社会の断絶や地球環境に対して警告を発し作品自体が社会を多方面から切りとり再編集した社会彫刻と比喩されるメッセージの象徴として存在感を放っています。

美はまた人が生きてきた時間とそれに付随した要因によって、たとえば執念や狂気といったものの中にも作用しています。そうしたことがあるということがまた美の境地でもあるわけですし、その美を発見できる誰かがいることも人の固有に研ぎ澄まされた感性によるものなのです。

何を大切だと受け入れ、何をそうでないと理解し、何を肯定の対象とするか。

産業革命から今も続く資本主義を背骨として持った社会の終局も見据え、その次の世界をロボットの歩むだろう方向と重ねて想像してみます。

とはいえこれからまた世界が想像もつかなかったような劇場と化したとしても、私にとってロボットの存在意義とは「優しさの周知」となるのだと念を押しておきたいのです。

私がロボットに美と可能性を感じたように「卵」や「白鳥」に原始から続く普遍の美を捉えるのは、この世界には大切なことを抽象化していく意義がそこにあるということです。

社会劇場に流れる人間の行動から現実の感触をしっかりと保ち、一方で卵に純度の高い愛の形と普遍の美を捉える。私はそこから作品を作る人でいることにします。

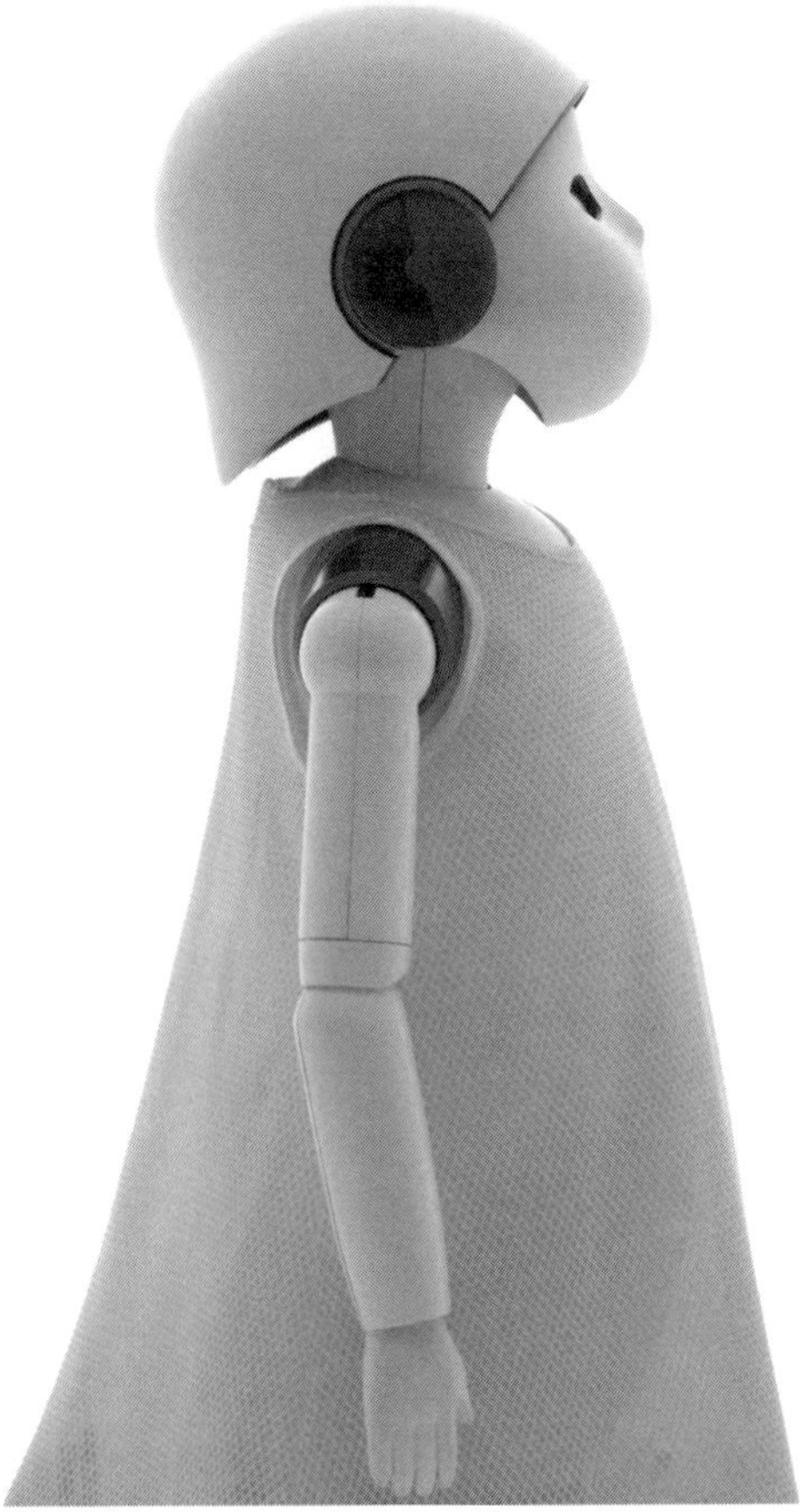

おわりに

本書を執筆するにあたり自分の過去と未来に向き合うという貴重な時間を過ごしました。

本書はロボット産業の草創期に一人のデザイナーが向き合った新たな人工物のデザインとの20年の記録です。忘れていたことがずいぶんと多かったのですが、書くことで鮮明に蘇りなかなか得難い人生の一部とあらためて邂逅することができた、そのような感覚があります。

本書は２０１９年、当時頻繁に往復していたパリにて行きつけのカフェで粛々と書き進めていましたが、２０２０年、COVID-19が変えてしまった日常下で後半の執筆はいったん途絶え、その後、パンデミックの状況を少しずつ受け入れる中で静かに再開しました。あと何年かしたら、この時期にやっていたことは重要であったのだと悟ることになるのではと思っています。

歴史的なこの時間に書きされた本書がこの先誰かの未来を作ることに貢献できれば長い

執筆時間も報われます。

出版を勧めていただいた編集者の内野正樹さんには筆の遅い私に辛抱強く付き合っていただき、また出版のプロの目線から本としての完成度を上げていただきました。

大和書房の高橋千春さんには若い世代の目となって、執筆している内容のどの部分に読者が共感できるかなどを客観的に教えていただきました。

オンライン会議を行うなど新しいやり方でストレスのない執筆環境を与えていただき、まずはお二人の出版者の優しい態度に感謝いたします。


この本の執筆中に読んだ本にカズオ・イシグロの新作『クララとお日さま』があります。人工知能＝ＡＩであるクララを主人公にすることで読者は逆説的に「人や愛や社会とは何なのか？」と考えることになります（もちろんイシグロ作品の特徴である光の描き方はこの作品でも美しく黄昏ていて感傷的な気持ちがリードされます）。

ＡＩという題材を社会を歪な目で見ていない「無垢な基準」として扱っている点に私がPosyで表現した要素に重なると共感しました。これからロボットの本質は『クララとお日さま』で描かれているようなＡＩの捉え方に近いものになっていくでしょう。

この本ではＡＩについては触れていません。私の扱ってきたＡＩは簡単に言えば環境から確率論的に行動を決めます。それは現時点でＡＩが心を扱う題材ではないことを表しています。しかしロボットは何を感じているか？　それは今後のロボットの行動への創発に関わる部分であり、またＡＩへの期待でもあります。それが達成した未来ならクララのような純なＡＩが人に欲望の虚無を伝えているのでは——その姿にPosyの優しい存在感を重ねます。その未来は１０００年後でしょうか。

さて先日、私は１０００年後を捉えたプロジェクトに携わりました。

２０２０年、COVID-19の沈静への願いを込めて美術作品を世界遺産の平等院へ奉納するプロジェクトが動き始めました。この「平等院奉納プロジェクト」では本書で書いたヴェネチア・ビエンナーレやMoMAでのPINOの展示で一緒に仕事をしたデザインプロデューサーの山田（山崎）あかねさんが実行委員の代表となり、私はメンバーとしてお誘いを受けました。

２０２０年、この世の時間が止まってしまったかのような時期に私の中で「鳳凰の卵」

というコンセプトが産まれました。

平等院は１０５２年、藤原頼通によって開かれた寺院で、あと31年で千年目を迎えます。千年という時間感覚は今重要なのだと思うに至り、次の千年に向かう作品の質を考えました。そして平等院の鳳凰が「次の千年に向けて産み落とした卵」という物語をガラスに閉じ込めた作品が閃きました。

ガラスは奈良時代から使われている千年を引き継げる素材です。ガラスで最も透明度の高い厚さ10センチの光学ガラスを使い、ロボットデザインで培った３次元設計方法で作り込んだ卵のデータをレーザー加工技術で光学ガラスの中に内包しました。また日本の伝統的な殺菌素材でもある藍で染めた貴重な日本の繭（小石丸）から作った絹布を作品の上部にガラスで挟み、伝統的な工芸技術と先端技術を融合させました。

２０２１年７月４日、平等院の鳳翔館にて厳粛な式典の中で「鳳凰の卵」は奉納されました。数百年後にもしまたパンデミックがあれば平等院で展示されることになるかもしれませんが、それは鳳凰のみぞ知るところです。

最後に、ここまで私を育ててくれた恩師たちへの尊敬が自らの核を築き、また家族の温かさが人を信じることの良さを学ばせてくれたことを記しておきたいと思います。また、これまで私のすべての活動を支えてくれた多くの天才や職人や寛容な心を持ったすべての人たちに、この場を借りて心からの敬意と感謝を捧げたいと思います。

そして本書を手に取っていただいた読者には優しい未来への道筋を託して――。

2021年8月9日　京都にて

松井龍哉

註

序章

1　ムーンショットとは、人類を月に送り安全に帰還させることを目指した「アポロ計画」のように、困難かつ途方も無いものであるけれど、実現すれば誰もが興奮せざるを得ない夢のある目標を意味する言葉です。

第5章

1　そもそも〝開発〟であるならば、「このロボットで何をするのか?」「どんな機能を達成させるためにどのような技術を開発・アセンブリし、社会のどの用途に貢献する製造物とするのか?」と緻密に計画を立て、さらに組織内で容認される理屈を積み上げた上で（実はこれが創造への勢いを落としかねない儀式なのですが）、企画書なるものができあがります。

　また、依頼する側とされる側が互いにフェアで尊敬心をもって対すればあまり問題はないのですが、大抵はデザイナーが発注者の御用聞きに成り下がった態度で接します。デザイナーはまず自分がプロジェクトにおいてこれ以上はないと思う美しい（そう！　デザイナーは誰よりも美についてこだわって然るべき存在であり、また「美しきもののみ機能的」なのです）アイデアに行き着けなければ結果的にデザインなどしない方が良いのです。

　個人の美学を置き去りにして企業の喜びそうな売り上げに貢献する案からまず思考を始めることなどさもしい行為になりかねません。それまでに学んだ図面やCGの技術で無理矢理に無意味な提案をすることも無用です。そして決定権のない担当者に惑わされずに、さらに言えば決定権のある人をも超えて、何が最も美しい提案なのかに真直ぐに向き合うことこそが最初の仕事なのです。

2　この聖堂は私の通っていた高校（私は美術学科デザイン専攻）の担任の先生のご自宅が近くにあり、そこに伺ったときに先生から「今から一緒にすごいデザインを見に行こう」と誘われて見学に行った思い出深い場所です。そしてその16歳の時の空間体験は生涯忘れることはなく影響を受け続ける場になりました。

3　デザイナーが一番失敗するパターンは独りよがりの完璧主義を貫こうとコミュニケーションを取らずに暴走するというものです。外注先を〝業者〟と呼ぶことがあります。歪な響きを持つこの言葉から感じとられる上下関係のようなものを前提に物事を進めるやり方は、Posyのような誰が手がけても形にならないようなプロジェクトの場合ではまったく役に立たないのです。私は予算をあらかじめ伝えるなどして互いのその後のやりやすさを優先してよきチームとなってもらうようにしています。

ロボットの開発とは他者との信頼関係の作り方なのだと断言できます。職人チームとの距離の取り方でも基本は〝互いに違う職能のプロ同士〟という関係を最後まで意識して（言葉遣いも含め）接しないと緊張感は次第に続かなくなります。

そこでクリエイションに責任を持つ立場の人間はまず最初にコンセプトを誰もが理解できる言葉にしておかないと、「自分の思い」はほとんど伝わらないでしょう。〝伝えられる〟ということがまず能力なのです。チームで創作するという時は同じゴールを目指すために「はじめに言葉ありき」なのです。その言葉のイメージから皆が具体的に力を発揮できるようにしなければなりません。

またこの時点では「具体的に顔の幅は何センチ何ミリにすればいいですか?」というようなメンバーは必要ありません。それぞれが暗中模索しながら進みつつそれを創造の喜びとし、少しずつ皆でイメージを固めていくしかやりようはありません。三木さんたちとは現在にいたるまで信頼関係を保ちプロジェクトでの協働が続いています。

4　退屈だった小学校時代、学校を自分の興味あることのできる場所にしてしまおうと考え、それまで無かった美術部を（ほぼ自分のために）提案・プレゼンして作った時に、何か作ることで自分を表現でき、またそれまでは見えていなかった近所の才能がポツポツ集まってきた時の経験がいまだにあります。

5　この少し前にPosyの原型が出演したファッションショーがありました。それはウエラブルコンピュータ＝「身に着けるコンピュータ」という新たな概念とファッションデザインが結びつく高度情報化社会において新たなファッション文化を担うメディアファッションのショーでした。

曽根先生からお誘いを受けショーの構成を行い、すべてのモデルを松山バレエ団のダンサーにお願いし、ラストのマリエ（ウエディングドレス）にPosyの原型を登場させるなどして、当時としてはかなり画期的なコラボレーションを行いました。

第6章

1　第1章でも紹介した通り、ロボカップとは２０５０年までに自律型ロボットチームでＦＩＦＡのワールドカップチャンピオンに勝つことを目的に始まった世界的なロボットサッカー競技です。

ロボットが社会に出る時は技術だけでは成り立ちません。産業を築くためにはやはりユーザーのことを考えた設計が必要になります。ロボカップのロボットはあくまで競技用のロボットですが、それでも使いやすい設計思想が求められます。

「外装の良さ」という狭い範囲のデザインではなく、競技用のロボットとしての使いやすさや運びやすさなどがきちんと考えられているのか。ここが評価する際の大きなポイントになります。

私たちはこれまで、中国の合肥大会、ドイツのライプチヒ大会、日本の名古屋大会と3年間スポンサーを務めたことで、多くの人材との出逢いが生まれたことは、その後の貴重な財産となりました。

2　孤独は創造や日々の活動になくてはならないものですが、同時に「一人でも理解者がいる」ということも重要で、これによって、仕事を前進させていく中で崩れそうになる精神のバランスを保つことができる――これはクリエイターであれば誰でも経験したことのあることでしょう。

3　建築的な立方体、ラビリンスが映画の構成そのものの作品である『キューブ』や、まったく個人的な理由で人と動物の遺伝子操作で新生物を作り出してしまう人間の闇にスポットを当てた作品『スプライス』。システムからの抑圧と破壊をテーマにした彼の作品は現代社会を痛烈に批判しています。そして何よりも映像として細部に至るまで統一された美意識がありました。

私は映画を「動く絵画」として捉えているので、ほかの何よりも「これまでに見たことのないような世界観を観られるか?」ということを重視していますが、その意味でも、彼の作る世界観に関心を持っていました。

第7章

1　余談ですが、その時に横にいたのは彼の奥様で女優のナタリー・ポートマン氏でした。私は彼女が映画「スターウォーズ」に出演しR2-D2と重要なシーンをいくつも演じているので「実際のR2-D2のサイズの印象はどんな感じでした?」と思わず聞いてしまったのですが、「こんな感じ?」とR2-D2のサイズをジェスチャーで示してくれました。

クレジット

撮影

岡本成生＝ 105・107・111・113・115・119・121・129・131・169・179 頁 , 223 頁上 , 269・284 頁
下川一哉＝ 97 頁
鈴木心＝ 109 頁
KOZO TAKAYAMA ＝ 247 頁
西村友信＝ 29・213 頁 , 223 頁下 , 275・277 頁
松井龍哉＝ 273 頁下
村井修＝ 133 頁

提供

ERATO 北野共生システムプロジェクト＝ 37・47・53 頁
日本科学未来館＝ 125 頁下
フラワー・ロボティクス＝ 125 頁上 , 137・197・201・221・229 頁
松井デザインスタジオ＝ 273 頁上